昭和天文クロニクル

天文キッズの生きた時代

TAKA Nohiro
たか のひろ

文芸社

はじめに――

学校の総合学習で「昭和」について調べる課題が出ました。

それは新型コロナのパンデミックよりも前、令和がはじまった春、ぼくが小6の時でした。

友だちは昭和に流行ったモノを取りあげていました。テレビゲーム機やウォークマンとかを。モノの歴史から時代を読みとく、みたいなテーマで。

ぼくにはモノは浮かばず。昭和と聞くと自分の親みたいな古い人間が浮かんだんです。でも両親が大人になったのは平成時代のはずだし、迷いました。そんなとき思い出したんですよ、じいちゃんのことを。

祖父は昭和3（1928）年生まれで、吉原正廣といいます。ぼくの名前も書いときます、吉原ケイタです。

じいちゃんは63年間くらいつづいた昭和時代をまるまる生きた、昭和人そのものです。

トランス（変圧器）を製造する、小さな会社を経営していました。景気はむかしは良かったけど、2人いる息子の長男が跡をついだ平成になってから――次男はぼくの父さんですが――会社はどうも不景気になったようです。

ちなみにじいちゃんは若いころ健康を害して、息子をもつのが遅くなり、それでぼくにとっては曾祖父くらいの老人です。91歳です。

課題が出たその年の春に、じいちゃんは足を悪くしてリハビリ施設に入ってました。自宅はおじさん家族と同居ですが、じいちゃんは施設にいたので、ぼくはおじさんに気がねせずに会いに行けました。自転車でも行けたし。

経済発展した昭和を、課題のテーマにすると決めました。

ところが、施設のじいちゃんにインタビューするうちに、テーマは変わっていったんですよ。

昭和時代は長くていろんな時期があったんですね。じいちゃんはそんな昭和に、実は今でも心残りがあると分かったのです。だから課題のテーマは経済発展ではなくて、じいちゃんの心残りに変更しました。

　そして数ヵ月かけてレポートにして提出しました。

　以上がこの『昭和天文クロニクル』が生まれた、切っかけです。

　課題を提出した後も、ぼくは学校とは関係なく、じいちゃんの話を聞いてまとめつづけたということなんです。

　なぜかって第一にじいちゃんに会うとしみじみしたし、話のなかみも興味深くなってきたからで、さらにおじさんとはいろいろあって、反発も加わって『昭和天文クロニクル』になりました。

　新型コロナがパンデミックになってからじいちゃんには会えません。悔しいです。

　小学校の卒業式はチョー短縮で中学も休校だったり、ショボい日常はつづいたけど、じいちゃんのインタビューをずっとまとめてこれたんで、ぼくはコロナを乗り切れたと思ってます。早くこの『天文クロニクル』をじいちゃんに見せてやりたい。

ぼくには3歳上のサエという姉がいます。ある時サエねえが、ぼくを手伝いたいと言ってきました。

もともと口うるさい人間で、初めはなんか裏がありそうに思えたけど、結局は、サエねえのアイデアで専門家にもインタビューできて、話を広げることができました。

以下、学校の課題でやった分から順々に、写真も加えながらあげていこうと思います。

目次

第一章　じいちゃんの終活

緑地公園のベンチで

　ぼくは、ぼくのじいちゃんから昭和時代の話を聞きました。

　インタビューは足のリハビリで入所してる施設内でやりましたが、天気がいいと、施設のとなりの緑地公園でもやりました。

　杖をつきながらじいちゃんは公園のベンチまで歩いて行って、そこで話をしてくれて、施設に帰ってくる、というルートを、リハビリの先生に許可してもらえたのです。

緑地公園でベンチに座るじいちゃん

足はだんだん良くなってるらしく、耳がやや遠いけど、記憶力はしっかりしてました。

それに終活《しゅうかつ》という死ぬ準備もやり終えたようで、じいちゃんは今はもう何事にもとらわれない老人に見えました。

ところがそれなのに、いやそれだからか、つまり遺言も書き終えて、死んだばあちゃんの遺品も片づけ終えた今だからこそ、心のすみにかくれていたものが外へと出てきたのかもしれません。じいちゃんは昭和という過去に心残りがあったんですよ。それを今でも引きずっているってことが、その緑地公園のベンチでこっちに伝わってきました。

心残りとは?

じいちゃんの心残りの原点は大むかしの、１９４３（昭和18）年にありました。

その年、じいちゃんは第五国民学校の高等科1年生で、担任は、栗廼照麻呂《くりのてるまろ》という、みょうな名前の先生でした。

その翌年に、しかし栗廼先生は担任をはずれ、そして学校から去りました。

ただし去った理由は生徒には知らされず。それで、何か悪い事があってやめたのかという思いが、じいちゃんにはじょじょに浮かんで、それがずっと心に残ってきたってことなんです。

じいちゃん本人から聞いたままを次に書きます。

「そのころはなぁ、戦争の真っただ中でさ、本当のことや自由な考えは一つもしゃべれへん時代やったが、担任の栗廼先生は、はっきり教室で言うたんやわ、〝この戦争で、日本は負ける〟と。

えらいこと言うなぁと、びっくりしたに。

生徒はまぁ、ケイタと同い年くらいや。日本は勝利につぐ勝利をしとると信じとったし、修身教育で、国への忠誠心をたたき込まれとったでな。鬼畜米英は倒して当然。そやのに先生は日本が負けるて、なにを言い出すんや、とな、おどろいた。

ほんでも元々がええ先生やったんやわ。本業は教師とちごて、寺の住職やったが、教え方がうまかった。きびしいがやさしさがあった」

当時の教師たち

そこでぼくはじいちゃんに質問しました。

「お坊さんだからクリノテルマロ、って名前だったのか。でもなんでお坊さんが学校の先生に？」

「あの頃はな、日本国内の教師は満州や朝鮮、台湾やビルマ（今のミャンマー）、そういう外地につくった日本の学校へ、次々に派遣されてった。

なんでかと言うたら、日清戦争で勝った日本は、台湾を領土にして、それからアジアのあちこちへ領土を広げて、日本の学校をつくってってたもんでな。そこへ教員を送らななら
んだ。内地の、日本国内の先生はそんでおらんようになって、学生みたいな代用教員が教えに来たが、寺からも来たんやわ。

栗栖先生が外地へ派遣されたとは、聞かんだ。ほやで後から心配になった。〝日本は負ける〟と公言したで、特高につかまったんやろかと。

そんなこと言うもんは非国民、危険人物や。思想犯は特高がつかまえるでさ。……まあそんな事が、思い出されるようになってさなぁ」

特高とは

トッコウと聞いてぼくが首をかしげてると、じいちゃんが教えてくれました。

「特高の正式名称は、特別高等警察でな。憲兵もそりゃおそろしかったが、特高はまた別の、自由主義者や社会主義者や、国に反する考えを持っとるもんを、つかまえた。朝鮮の人らが日本でよおけその頃は働いとったが、その人らにも特高は目をひからせとった。な、人の心の中の気持ちが、犯罪になるちゅうて取りしまるんやで、怖いにぃ。小林多喜二は『蟹工船』の作者やが、特高の取り調べで死んだ。拷問で殺された。まだ若かったのに」

ぼくはそこで口をはさみました。

クリノ先生が学校をやめた理由は、じいちゃんが一言、ほかの先生に聞いたら分かっただろうと。

「うん。いや、特高の、ほんとの姿を知ったんは、戦争に負けた後で、すべてが赤裸々《せきらら》になってからでな。のちのち心配になった、というのが正しい。先生がやめた時は、残念な気持ちだけやったわ。

当時はじいちゃんはちょっと肩身のせまい子どもやったし。

ケイタも知っとるやろ、じいちゃんはからだが悪かった。小4のとき結核菌にやられて2年間休学した。そやで栗硒先生のクラスで、2つ年下の子らに交じっておった。

本来の同級生はその年には卒業しとって、海軍の予科練に行ったり、学校から兵隊にえらばれたりもしてさ。

あぁ、川島君。壮行会で見送った川島ひろし君は仲良しやったが、帰ってこんだ。

絵がじょうずでな川島君は、じいちゃんとどっこいどっこいで、写生大会には毎年いっしょに、学校からえらばれて描きに行っとったが。

誰もかれもがお国のために働いとった。

いとこの竹児《たけじ》もや。満州へ渡った。まじめなええ子やったで、学校から竹児は推薦されて、満蒙開拓青少年義勇軍《まんもうかいたくせいしょうねんぎゆうぐん》ていう、国策で行った。

腰にコルセットを巻いた病弱なもんは兵隊にもなれん、社会のお荷物や。そやで後ろめたい気持ちが、じいちゃんにはあったんやろな。

栗廼先生は、そんなじいちゃんでもホメてくれたに。天体観測をつづけとったで」

戦火

「あのころは世の中、おかしなもんやった。授業の代わりに勤労奉仕で、延々とタマネギの皮むきをさせられた。戦地へ送るためなんか、延々と。

栗廼先生が学校におらんようになって、その2年後には、校長先生が校庭で焼け死んだし」

ん？　ぼくはじいちゃんの顔を見返しました。

「空襲でさ。焼夷弾で。学校も街も、丸焼けになってしもた。

1945（昭和20）年6年月18日の、四日《よっか》市《いち》空襲。

奉安殿《ほうあんでん》に安置しとった御真影《ごしんえい》が、……御真影は、天皇陛下の写真のことでさ、どこの学校でも校庭に、奉安殿というちっさな社《やしろ》をこしらえて、御真影と、教育勅語をおさめてあったんやが。空襲で、そこへ火が移りそうになったで、校長がその御真影を胸にだいて、校庭につっぷして守ってな。自分は焼け死んだ。

ケイタには想像できんやろが、そんなことがこの日本で普通に起こっとったんやわ。

じいちゃんが通った 第五国民学校

栗栖先生はそんな時世によう言うたもんや〝日本は負ける〟と。先生は……その後どうされたんやろ……」

ぼくはその時決めました、クリノ先生のその後を調べてみようと。無理かもしれない、何一つ分からないかもしれないけど、その調べていく過程を、ぼくの課題「昭和をさがす」にしようと。

第二章　誓覚寺《せいかくじ》へ

栗廼先生はどこに

　じいちゃんの第五国民学校は、市役所で調べると現在は中央小学校という校名で、戦前とだいたい同じ所に立っていると分かりました。

　その中央小学校の近くにある寺を地図でさがすと、わりと古い町だからか、卍の記号があちこちにあり。

　ぼくはその寺の一つ一つをたずねることにしました。

「ここの住職の苗字は、栗廼さんですか?」と聞いてまわったのです。

（注：学校の課題「昭和をさがす」では、この部分をかなりくわしく書いてレポートにしましたが、『昭和天文クロニクル』では省略します）

そしてぼくは発見したのです！

住職が栗廼という苗字の寺を見つけた！

そこは今は、栗廼先生の孫である住職が跡をついでいる、誓覚寺《せいかくじ》でした。

よかったです、先生は国民学校をやめたあと、特高の拷問をうけて死んだりしていなかった。

孫である隆興《りゅうこう》住職に、ぼくはじいちゃんから聞いた話を伝えました。そしたら住職はおどろいて、喜んで、そしておっしゃいました、ぜひとも吉原さんに、うちの寺の本堂ではなく、自宅の仏壇の、祖父に手を合わせてもらいたいと。

誓覚寺訪問

じいちゃんはもちろん大よろこびで、先生は生きとったんや、とくり返しました。

ぼくは母さんに車の運転をたのみ、リハビリ施設に外出のとどけを出して、そしてじいちゃんといっしょに誓覚寺をたずねました。

栗麺さんのご自宅の、仏壇の前で、じいちゃんは背のひくい椅子を出してもらって、長時間じっと手を合わせていました。

ぼくはじいちゃんを待ちながら、隆興住職がそのちょっと前に説明してくれた、写真をながめていました。

それは鴨居《かもい》にかかったモノクロ写真で、

「あれが、祖父でしてね」と住職は指さして、

「去年が四十七回忌でしたよ」と説明してくれたのです。

写真の中の栗麺先生は、袈裟《けさ》という布を左肩からかけた僧侶の正式な姿をして、口は真横にむすび、黒ぶちの眼鏡《めがね》の奥からギッとにらんでいる、

誓覚寺

きびしい人に見えました。

二人の会話

隆興住職とじいちゃんはそれから少し話をしました。

「そうですか、日本は負けると、祖父は教室で話してたんですか、ふぅむ」

隆興住職はそう言うと、出されたお茶をじいちゃんが味わいながら飲むのに合わせて、ゆっくり話をしてくれました。

「祖父の息子である、私の父親もね、かなり前に亡くなったので、戦争時分のことは、あんまり私は教えてもらってないんです。

でもまあ祖父は、葬式なんかしなくていい、する必要はない、と言い放つような人でしたから、独特のところはありましたよ。たしかに葬式は豪勢にはやらんでいいでしょうが、でも、一応うちの家業ですからね、そこまでは言わなくってもねえ」

ほおう、と言いながらじいちゃんは、ななめ後ろ側にある仏壇へ向こうとしたけど、湯飲みを手にしているし、すぐまたからだを戻しました。

「だからね、ククッ」、と住職は笑いをかみ殺しました。

「家族のものは祖父に、それだけは言わないでくれ、葬式はせんでいいなんて、やめろってククッ、よく言ってました」

じいちゃんもつられて目を細め、

「常識と思い込んどることも、一度は疑ってみよと、先生は言いたかったんやろかなあ」と湯飲みをテーブルにおくと、今度は仏壇ではなく、鴨居の先生の写真を見上げました。

「でも祖父は、反戦や平和をかかげて闘うことまでは、やってなかったはずです」と住職は、もう笑わずにつづけます。

「闘っていたといえば、伊勢の、常念寺の住職、植木徹誠《うえきてつじょう》さんが思い浮かびますね。治安維持法違反《あんいじほう》で4年間、投獄もされてたらしいし。植木等さんのお父さんですわ」

「クレージーキャッツの、あの植木等？」

「そう。植木徹誠住職は、檀家へ行った折にも、町にいる子どもたちにも、『戦争は集団殺人だ』と言いつづけたらしいです。筋金入りやったんでしょう」

「たしか植木等は、私よりも3つばかり年上やった」

ぼくは話についていこうとして、ウエキ、ヒトシ、と口の中でなぞっていました。

するとﾞ「あぁ、分からんわな」と言って住職は、分かるように教えてくれました。

「昭和時代に、『ハナ肇とクレージーキャッツ』という、ジャズを演奏するグループが活躍してね。植木等はそのボーカルで、俳優もやって、コメディアンとしても超売れっ子だった。コミックソングも発売すれば即ヒットした。

いいや、もうだいぶ前に他界したんだけど。その植木等のお父さんが、反戦を訴えていた僧侶、徹誠さんだったんです」

ふうん、とぼくはうなずきました。

その時ふいに、ヘンな声をじいちゃんが出したんです。

「スイスイスーダララッタ　スラスラ　スイスイスイ〜」

「おお、スーダラ節。それもヒットした、大ヒット」

一瞬あ然としたけど、歌か、と理解はできました。

「そういや植木等さんが初めてスーダラ節（作詞・青島幸男　作曲・萩原哲晶）を、事務所の社長から手渡されたときは、こんなもんイヤだ、歌いたくない、と思ったんですって。あんまりにも歌詞がふざけてて、スイスイばっかりでバカバカしいんで」

うんうん、スイスイ、とじいちゃんは小刻みに首をふっています。

「ところがお父さんの徹誠さんは、いいや息子よ、違うぞ、と意見をされたそうでね。スーダラ節の歌詞には『わかっちゃいるけど　やめられない』という一節がある、これがまず素晴らしい。なぜならこの一節は、まさに親鸞聖人の教えだからだ。『わかっちゃいるけど　やめられない』からこそ、苦しみは生まれるのだが、人はたいがい『わかっちゃいるけど　やめられない』ものだ。さて人は、いったいどのように生きてゆけばよいのか？　といった究極の問いを、この歌詞はなげかけおる、深いふかい楽曲ではないか。

と、徹誠さんは息子の等さんを諭《さと》したそうです。スーダラ節が世に出る、後押しをしたんですね」

住職の説明にぼくが聞き入っていた、その時でした。

またじいちゃんがヘンな声で、

「わかっちゃいるけど　やめられない　ア　ホレ　スイスイスーダララッタ　スラスラスイスイスイ～」

と節をつけて歌いだし、そしてすぐさま、

「ああ……笑ろてる、笑ろてるわ」と感嘆しました。顔を上げ、あごを上げて。

住職も同じく見上げました、その写真を。

「な、栗廼先生の顔が、笑ろてるように見えるに」

隆興住職は「祖父が…」とつぶやくと、息を大きく吸って、声をひびかせました。

「スイスイ　スーダララッタ　スラスラスイスイスイ〜♪」

じいちゃんも唱和しました。

「スイーラ スーダラララッタ　スラスラスイスイスイ〜♪」


二人は歌って、そして笑い合いました。

もしかして二人は、わかっちゃいるけど、やめられない感じだったのかなぁ今、と思いながら、ぼくもすごくうれしくなってました。


ぼくはここまでを、学校の課題「昭和をさがす」にまとめることにしました。

そしてぼくは、栗廼先生が学校を去った昭和は、その後75年が経っても、まだこうして目の前にあるんだと分かり、歴史は古い過去、ってことだけじゃないんだなと思いました。

その後

誓覚寺から帰ったあと、じいちゃんは2つのことをぼくに言いました。

1つは、自分が死んだら、葬式を隆興住職のもとで出してもらいたい、後日あらためてたのむつもりだ、という話でした。


もう1つは、本人が言ったとおりに書きます。

「若いころに、じいちゃんが入会しとった天文同好会の、その資料が、実は今も家にあんのやわ。終活でもそれだけは捨てれんとさ、残してあった。

ほんでも家のもんに、もうそんな古いもん置いとくな、邪魔になると言われてな。それもそうやと、まあ思たし、ゴミで出して、片づけることになった。

そやでさ、ケイタにいっぺん見せときたいのやわ。ゴミで出す前に。むかしの輝かしい記録もまじっとるでな」

天文の同好会？　入会してどんなことをしてたん？　とぼくはじいちゃんに聞きました。

「太陽黒点の、観測。流星の観測。それに木星の衛星の、食を計算したり、いろいろと。

一番長くつづけたんは、変光星の観測やった」

　ニコニコ顔になったじいちゃんを見て、ぼくは話をいっぱい聞かせてもらいたいと思いました。今まで通り録音をしながら聞こう。

　じいちゃんの天文の資料は、きっとおじさんあたりがゴミは捨てろ、って言ったんだろうけど、とにかく早く借りてきて、ちゃんと見よう。

　そう思ったぼくは、学校の課題のほうを急いで仕上げにかかりました。

皆既日食

第三章　変光星の観測

変光星って？

天文資料は、サエねえが借りてきてくれたので、ぼくはおじさんの顔を見ずにすみました。

大きな紙袋3コ。

それぞれの袋に、黄ばんだ紙や、わら半紙の束を、ビニールに入れたりしばったりしてぎっしり詰め込んである。

すべてがうすくてヤワな紙の天文資料は、ていねいに扱わないとダメになる。分類には時間がかかりそうだ。

1コの紙袋に、古いノートが何冊も入ってる。表紙には「変光星の観測記録／吉原」と。

一冊をめくってみたけど、数字が並んでて、なにひとつ分からない。

ぼくは、じいちゃん本人に聞きに行くことにしました。

そもそも、変光星ってどんな星なん？


「宇宙にはようけあるんやわ、変光星は。明るさが周期的に変化をする星でな。

さいしょは先輩がつくってくれた変光星図をたよりに、1つ1つの位置を見つけてって、そん中から20個くらい、自分でえらんで、それぞれの明るさのびみょうな変化を、観測して記録したわ。

光度がぜったいに変わらん星も宇宙にはあるでさ。それを基準に、変光星の変化を観測するんや。


ケイタ、その頃の夜というたらな、真っ暗闇やったんやに。

灯火管制というて、どこの家も電灯や窓に黒い幕をはり付けとった。外へ光をもらすもんは非国民やで。

望遠鏡を使わんでも6等星くらいの暗ぁい星まで、眼視観測ができた。

名古屋におっきな空襲があった夜も観測はしとったに。警戒警報が、ウーッウーッと空襲警報にかわったで、とりあえず観測はやめて防空壕に入ったが。家の入口んとこへおやじが、じいちゃんの父親が、掘った穴やが。

Ｂ29は４つもエンジン積んどったで、ゴオオオと重たい音はしたが、その夜も音は、やっぱり通り過ぎてった。名古屋へ行った。名古屋にはゼロ戦のエンジンつくる軍需工場があったで。

空襲警報なんかその頃はもう慣れっこになっとった。

それにさな、焼夷弾を落とされても、防火用水をどこの家も用意しとったでな。セメントでつくり、水を溜め、隣組同士でバケツリレーの練習もしとった。

火たたき、という火を消す道具もつくった。竹の竿の先っぽに、縄を束にしてゆわえたもんやが、防火用水に火たたきをひたしてから、炎をはたくんやわ。

空襲で火事が起きても逃げたらあかん。法律があって義務やったで、協力して消さなあかんだ」

宇宙が好き

でもどうして、天文同好会に入ったん？　とぼくは一番聞きたかったことを聞きました。

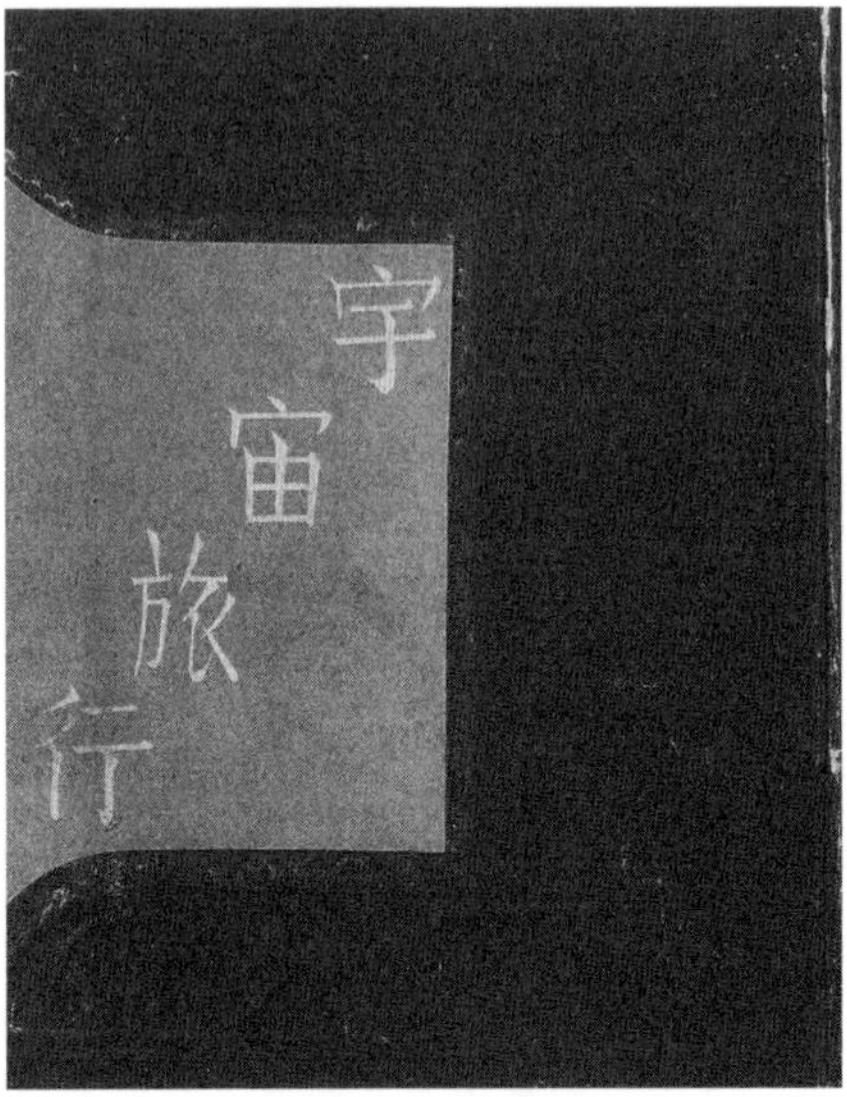

『宇宙旅行』（1941 年）
光川ひさし著　誠文堂新光社刊

「もともと宇宙が好きやったでな。プラネタリウムが大阪に、日本で初めてできた。昭和12年。翌年には東京にもできた。13年に。行きたかったがな、どっちも遠て行けやんだ。

　光川《みつかわ》ひさしが書いた『宇宙旅行』、あれは何べんも読んだわ。難しいことでも分かりやすう書いてくれとる、良書やったで。

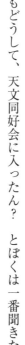

そんであるとき「学生の科学」という雑誌に、天文同好会の会員を、募集しとる記事を見つけてな。

旧制高校の学生で、西山峰雄さんというアマチュア天文家が、福岡に《筑紫《ちくし》天文同好会》をつくったということでさ。

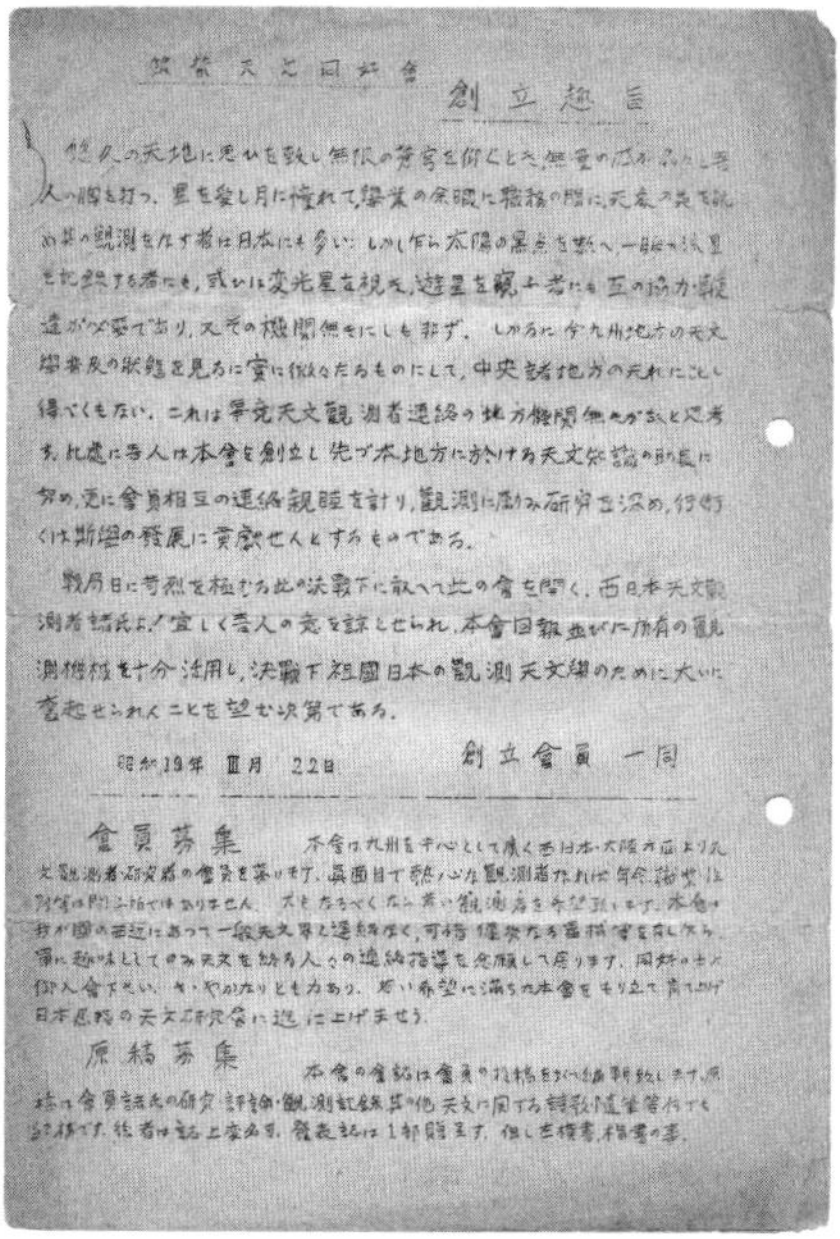
筑紫天文同好会　創立趣旨

悠久の天地に思ひを致し無限の蒼穹を仰ぐとき、[illegible]吾人の胸を打つ。星を愛し月に憧れて学業の余暇に職務の間に天文の学を究め其の観測をなす者は日本にも多い。しかし乍ら太陽の黒点を数へ、一瞬の流星を記録する者にも、或ひは変光星を視る、遊星を観る者にも互の協力・親睦が必要であり、又その機関無きにしも非ず。しかるに今九州地方の天文学普及の状態を見るに実に微々たるものにして、中央諸地方のそれに比し得べくもない。これは学究天文観測者連絡の地方機関無きが為と思考す。此処に吾人は本会を創立し先づ本地方に於ける天文知識の助長に努め、更に会員相互の連絡親睦を計り、観測に励み研究を深め、行々くは斯学の発展に貢献せんとするものである。

戦局日に苛烈を極むる此の決戦下に敢へて此の会を開く。西日本天文観測者諸氏よ！宜しく吾人の意を諒とせられ、本会回報並びに所有の観測機械を十分活用し、決戦下祖国日本の観測天文学のために大いに奮起せられんことを望む次第である。

昭和19年　Ⅲ月　22日　　創立会員　一同

会員募集　本会は九州を中心として廣く西日本・大陸方面より天文観測者研究家の会員を募ります。[illegible]

原稿募集　本会の会誌は会員の投稿を以て編集致します。[illegible]

筑紫天文同好会の会報・創立趣旨

さっそく会費を送った。九州の同好会やが、全国から応募があったらしい。

むかしは変光星の観測は、プロとちごてアマチュアの天文家がやる領域やったで、観測すること自体にやりがいがあった。

それに、神田茂先生という

プロの天文家も、筑紫天文同好会をサポートしてくれとったし。

熱意をなくした者はようしゃなく退会、でな。《小型望遠鏡観測者同盟》とも呼ばれた、活発な同好会やったんやわ」

B29爆撃機

「防空壕を出て、また観測しに物干し場へもどったら、ウーーとまた聞こえたわ。

次の編隊がゴオオとやってきた。

見上げると、白っぽい腹を、こっちへ突き出すみたいにしながら、B29は名古屋を向いて飛んでった。

北東の夜空が、オレンジよりもっと濃ぉいだいだい色に染まってくのが見えた。夕焼けの空をぎゅうっと凝縮したみたいな色や。

名古屋全体が燃えとったが、そこで人がよおけ死んどるとかは、もう考えへん。なんで戦争しとんのかも、分からんようになってくに」

第四章　天文資料いろいろ

筑紫天文同好会のこと

じいちゃんの話から、次のことが分かりました。

筑紫天文同好会は、１９４４（昭和19）年に設立された。

会員は約20名で、福岡を中心とした九州地方や、広島や関西地域、東京や新潟や東北地方、そして満州の首都の新京や、京城（現在のソウル）などに会員はいた。――当時は満州も朝鮮半島も日本の植民地だった。

そして会員は中高生だけでなく、大学の天文台に勤める人や、大阪市立電気科学館で働いている人など、セミプロの大人もけっこう加わっていた。

それは神田茂さんという、プロの天文家のサポートがあったから。

資料のいくつか

天文資料の袋の中から、かんたんに取り出せた次の3種類を、まずはあげてみます。

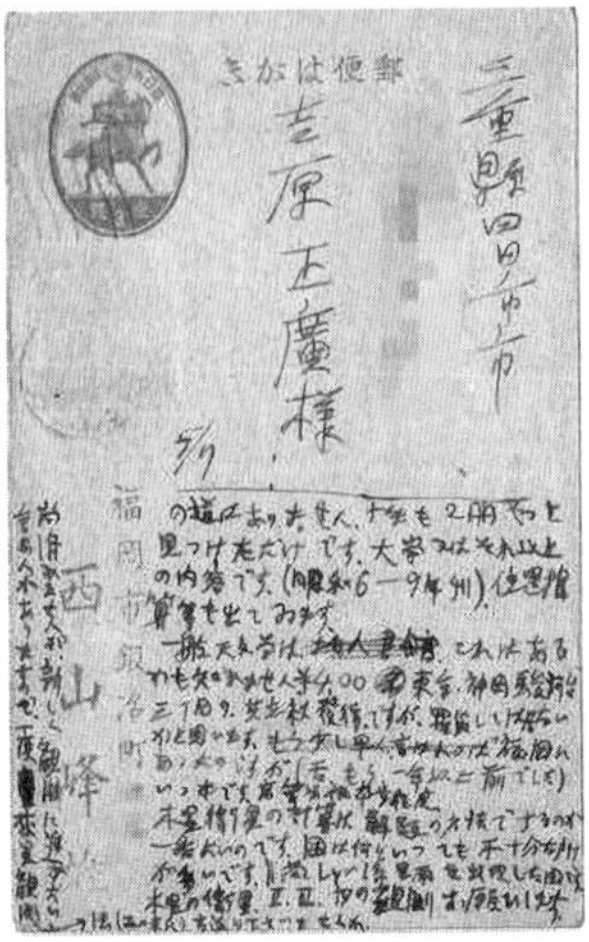

西山さんからのハガキ、表。

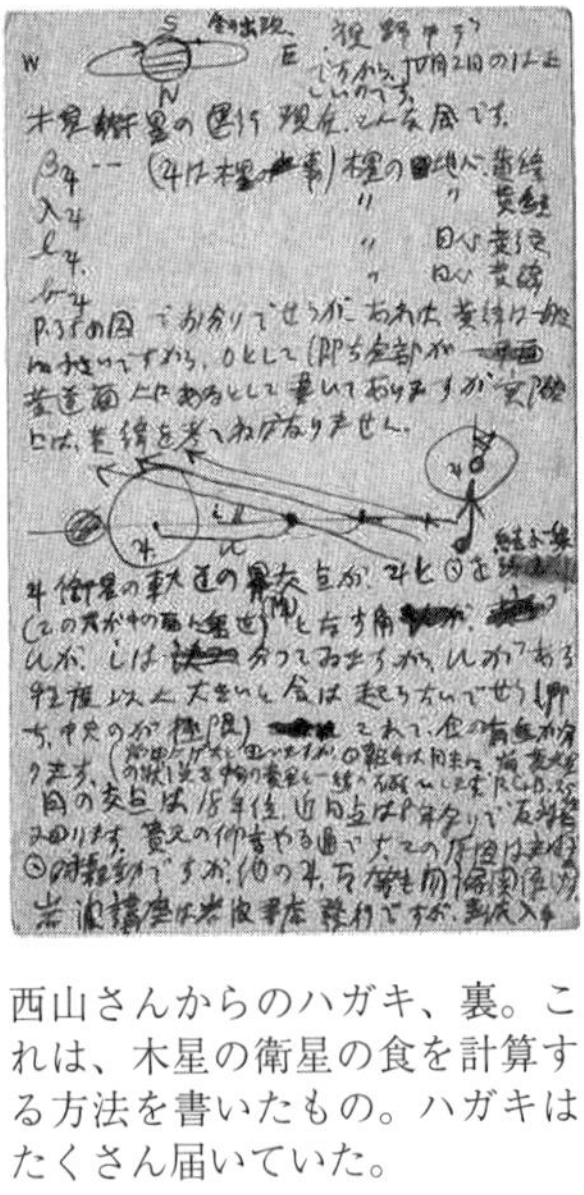

西山さんからのハガキ、裏。これは、木星の衛星の食を計算する方法を書いたもの。ハガキはたくさん届いていた。

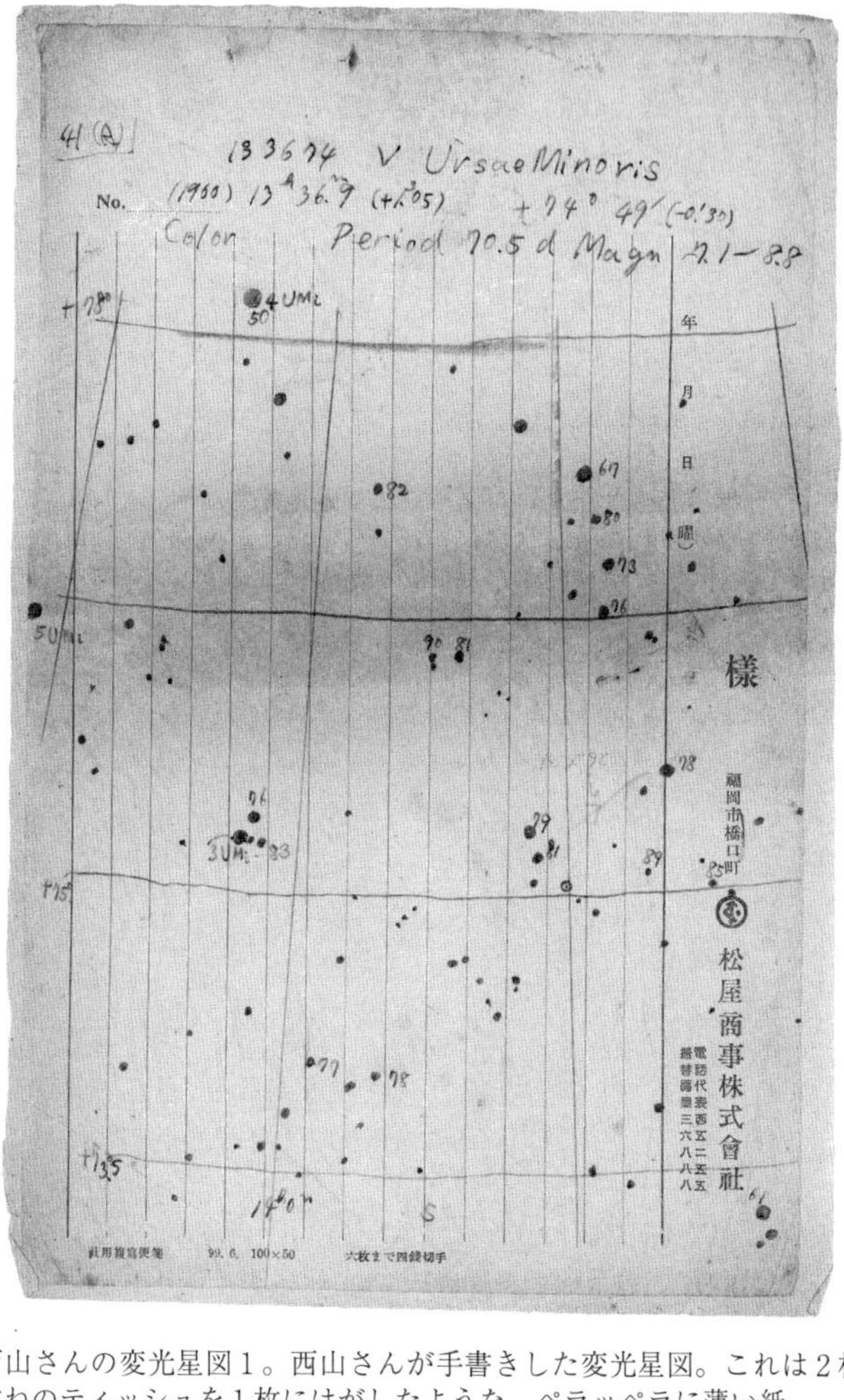

西山さんの変光星図１。西山さんが手書きした変光星図。これは２枚重ねのティッシュを１枚にはがしたような、ペラッペラに薄い紙。
図のわきの印字の、松屋商事株式会社は、福岡にあった松屋デパートを運営していた。家族がデパートに勤めていて紙を入手したらしい。

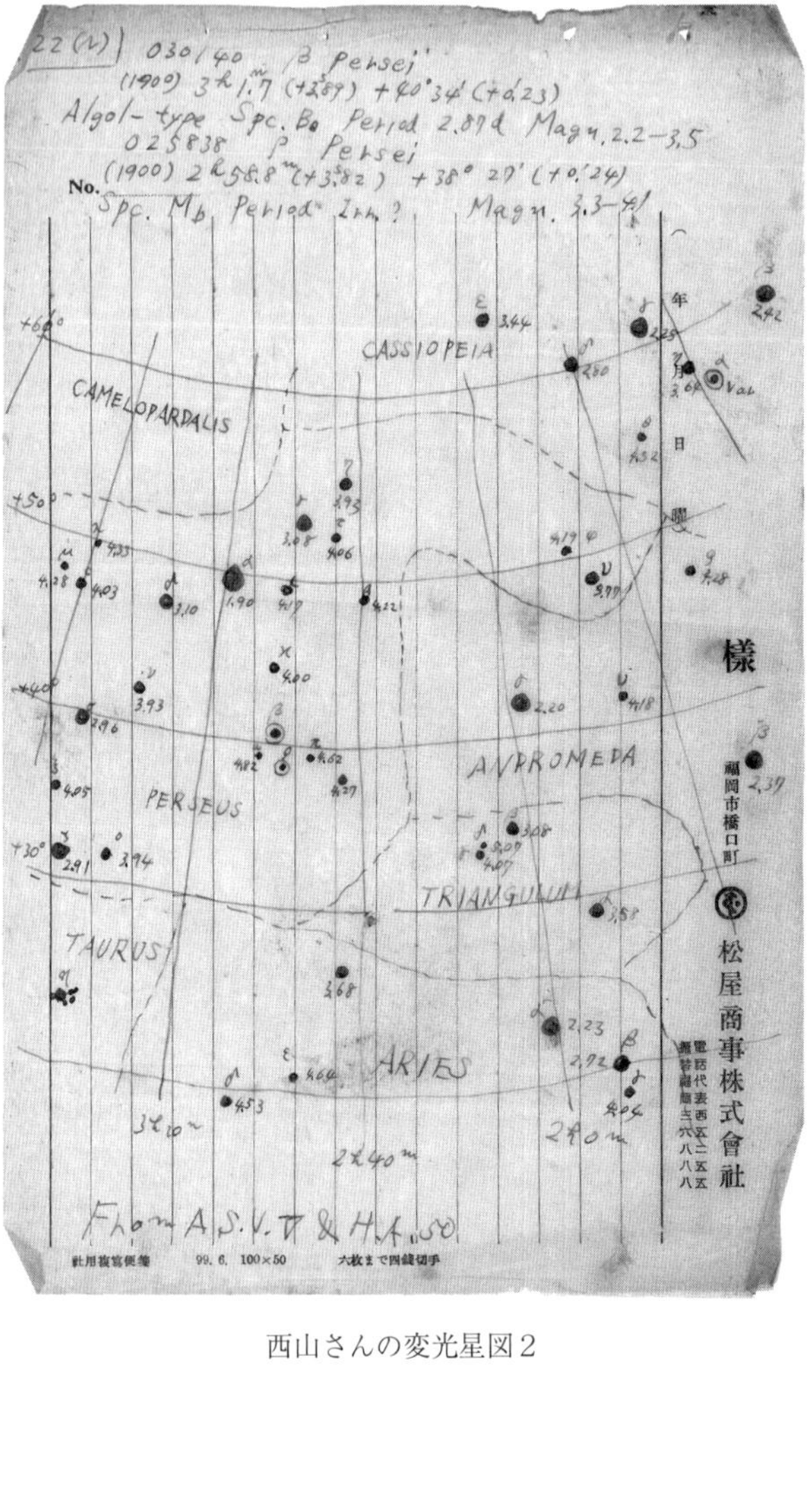
030140 β Persei
(1900) 3h 1.7m (+3.89) +40°34' (+0.23)
Algol-type Spc. B8 Period 2.87d Magn. 2.2–3.5
025838 ρ Persei
(1900) 2h 58.8m (+3.82) +38° 27' (+0.24)
Spc. Mb Period Irr.? Magn. 3.3–4.1
CASSIOPEIA
CAMELOPARDALIS
PERSEUS
ANDROMEDA
TRIANGULUM
TAURUS
ARIES
From A.S.V. V & H.A. 50
松屋商事株式會社

西山さんの変光星図２

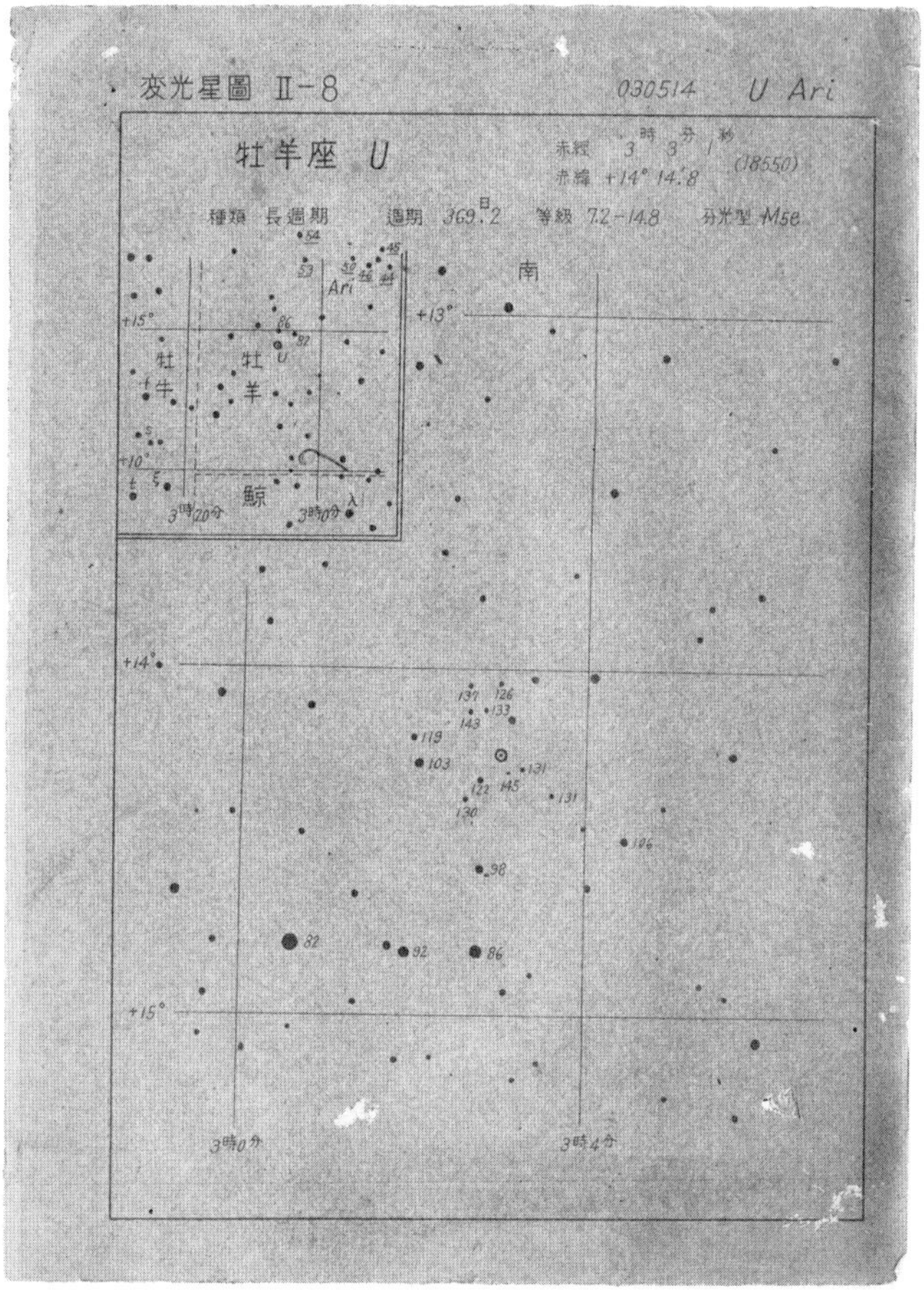

神田茂さんが発行した牡羊座の変光星図。1枚10銭で購入していた。

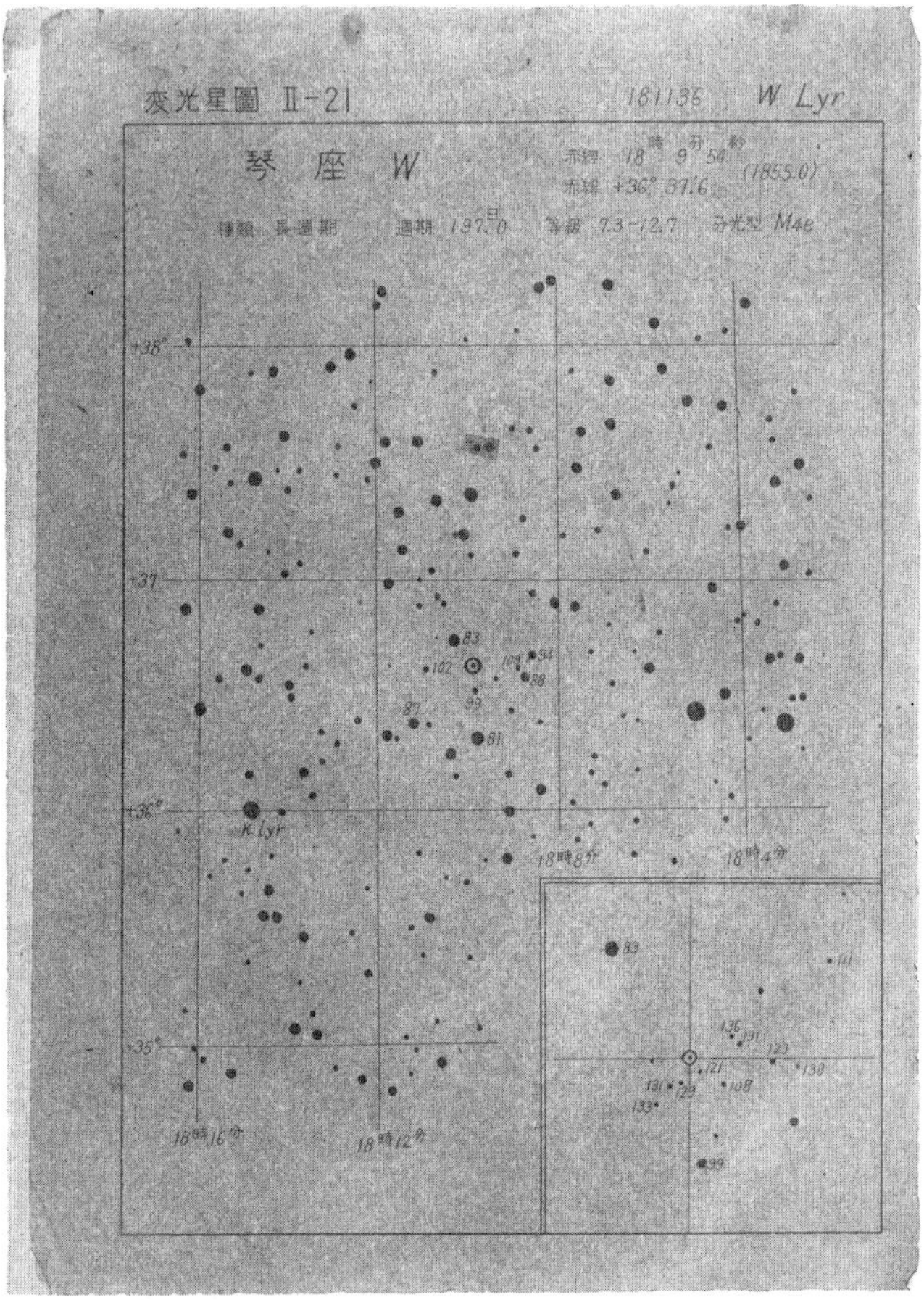

神田茂さんが発行した琴座の変光星図

ほかにも神田茂さんが発行した冊子や会報などが、資料の袋の中にはありそうです。

ところで、この神田茂さんに、サエねえがむっちゃ興味をしめしました。

日本中が戦時体制だった時に、どうして福岡という一地方の、アマチュアグループを神田さんはサポートしてたんだろう、そんなことで利益は得られなかったろうにと。

サエねえはだから、神田さんを調べてみる、と言いだしました。

もとが歴史好きな人なので勝手にしてもらった。そしたら、きちんと調べてレポートにしてくれたので、ぼくの意見も、後からそこにちょっと加えました。

神田茂さんは、当時のアマチュア天文家に大きな影響を与えた人でした。

第五章　神田茂さんって？

44歳まで天文台員

神田茂さん（１８９４～１９７４）は、東京帝国大学理学部天文学科を１９２０（大正９）年に卒業して、東京天文台に奉職し、44歳まで勤めました。

その時代は今とはちがい、天文学は日常生活にほとんど関係しませんでした。

１９０５（明治38）年、日露戦争の結果、ポーツマス条約で樺太《からふと》の南半分が日本の領土になったとき、国境線である北緯50度の線を、天測という、天体の位置から測る方法で決めました。それでようやく世間の人も、天文学は重要かと思い始めました。

1910年のハレー彗星

ところが1910年、ハレー彗星が地球に大接近すると、彗星が毒をふりまく、空気がなくなる、などのデタラメがまだまだ世の中に飛びかいました。

神田茂さんはそんな時代に生まれ育った天文少年で、個人的な観測をよくやり、弟の神田清さんとは、はくちょう座の第3新星を発見するなど数々の成果をあげました。

長じて奉職した東京天文台は、現在の国立天文台と同じく日本の天文学の中心で、天体を観測して研究する仕事のほかに、暦を編さんして標準時＝日本時間を決定するなど、国の重要な仕事をになっていました。

ところが、そういう東京天文台を神田茂さんは、１９４３（昭和18）年、44歳で自分からやめたのです。

１９４３（昭和18）年といえば、じいちゃんの担任だった栗栖先生が「日本は負ける」と話して、生徒をおどろかせた年です。

山本五十六《いそろく》連合艦隊司令長官という有名な軍人が、戦死した年でもあり、学徒出陣といって、兵隊が足りなくなったのをうめ合わせるために、大学生をまとめて出征させた年でもありました。

その頃にはもう米・塩・砂糖・マッチなど、生活必需品は第一に戦場へ送られて、庶民には少しずつの配給制になり、「ぜいたくは敵だ」「ほしがりません 勝つまでは」というスローガンが叫ばれていました。

紙も配給制になり、出版物はどんどん休刊になりました。

関西にあった東亜天文協会という同好会は、東亜天文学会、と改名しました。学会、という一語を入れると、紙を配給されやすいと聞いたからです。

しかし東亜天文学会が発行した雑誌『天界』は、タイトルの意味が不明、と当局からクレームをつけられたため、『天文学雑誌』というありきたりなタイトルにして、やっと出版できました。

1941（昭和16）年に成立した「言論・出版・集会・結社等臨時取締法」という法律によって、表現の自由はすでに人々から取り上げられていました。

そんな時代に神田茂さんは、日本の天文学

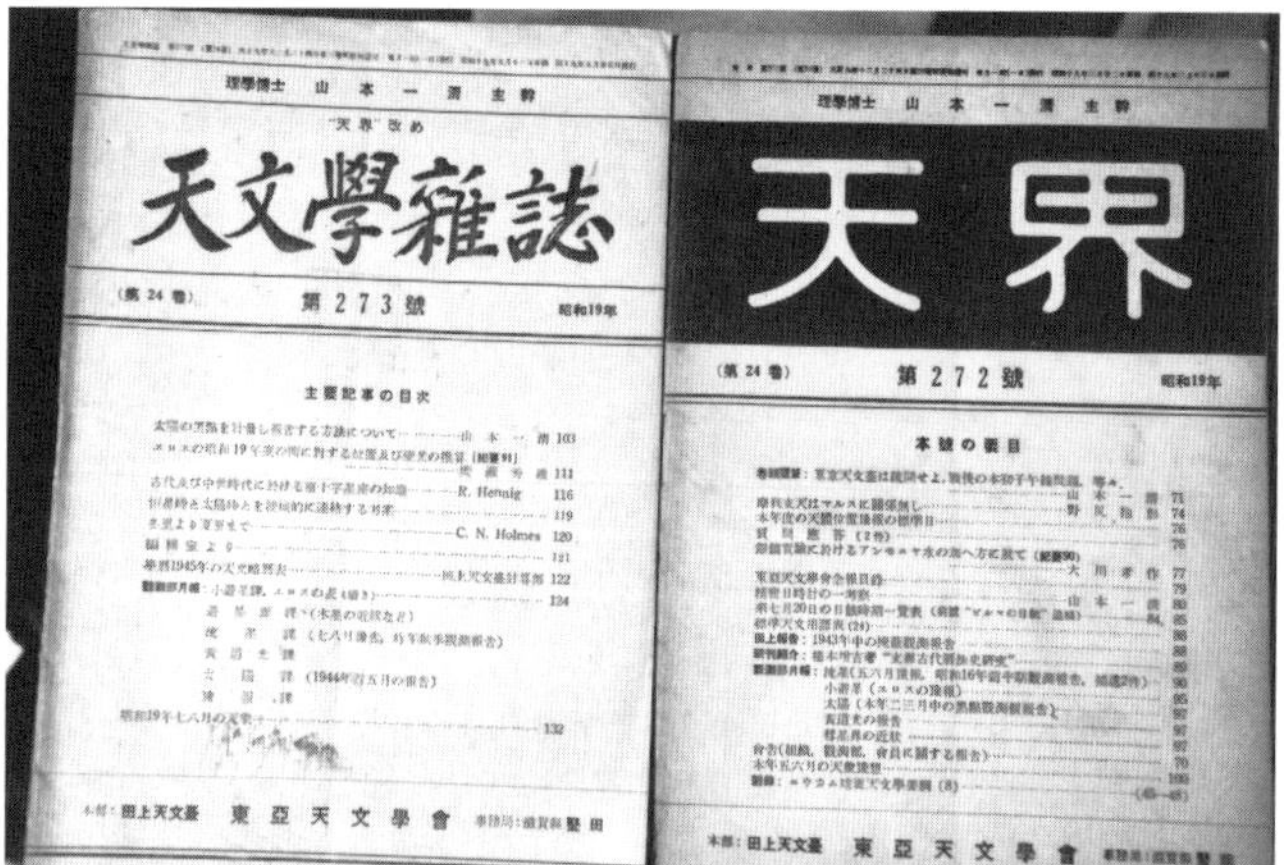
理學博士　山本一清　主幹

"天界"改め

天文學雜誌

（第24巻）　第273號　昭和19年

主要記事の目次

R. Hennig　116

C. N. Holmes　120

132

本部：田上天文臺　東亞天文學會

理學博士　山本一清　主幹

天界

（第24巻）　第272號　昭和19年

本號の要目

本部：田上天文臺　東亞天文學會

雑誌名を、当時右の『天界』から、左の『天文学雑誌』に変更させられた。

の中枢であり、安定した仕事場でもあった東京天文台を、なんでやめたのでしょうか。

退職後の神田さん

天文資料から次のことは分かりました。

東京天文台をやめた神田茂さんは、１９４５（昭和20）年の終戦まぎわに、神田天文学会という新しいグループを立ち上げた。

グループ名に学会の一語を入れたのは、配給制になった紙を、一枚でも多く手に入れるためだったのでしょう。

終戦直後には、その神田天文学会を日本天文研究会と改名して、活動をつづけたようです。

そしてさらに調べると、その日本天文研究会は後輩によって引きつがれ、現在もまだ活動をつづけていると分かりました。

え？　だったら直接聞いてみよう、と思い立ち、連絡をしてみると……現在の日本天文研究会メンバーから、なんと教えてもらえたのです、創始者である神田茂さんのことを！

神田さんが天文台をやめたのは、おもに2つの理由があってのことだったろう、と言って、現在の日本天文研究会メンバーは、それらを説明してくれました。

冥王星《めいおうせい》のことと、執筆禁止令のことを。

以下へまとめます。

冥王星のこと

冥王星は1930（昭和5）年、太陽系の一番外側に発見された9番目の惑星です。残念ながら2006年に準惑星へと分類しなおされましたが、当初は世界中で話題になり、プルートと命名されました。

日本天文研究会のエンブレム

日本ではそのプルートに、冥王星という和名をつけました。

命名者は、野尻抱影《のじりほうえい》という天文民俗学者で、英文学者、随筆家でもあった人です。

神田茂さんは冥王星という呼び名に賛同し、天文学の専門書にも和名を使おう、と意見をのせ、そして東京天文台で担当していた、理科年表という科学データブックをつくるさいにも、冥王星と記すことにしました。

京都天文台でも、プルートではなく冥王星を使うと決めたようです。

『宇宙旅行』という児童書（当時のじいちゃんの愛読書）の中でも、和名の冥王星です。

作者の光川ひさし氏は書いています、

「この新惑星は、日本では野尻抱影先生が、これを冥王星と訳されたので、一般にそれが用いられるようになりました」と。

神田茂さんは、理科年表を編さんする中で冥王星、と印字する作業をすすめていました。

ところがそれを、東京天文台のトップである関口鯉吉《せきぐちりきち》台長が、認めなかったのです。9

番目の惑星は冥王星ではない、プルートであると言って。

神田茂さんは他の台員たちと共に、関口台長のその決定に首をかしげ、なぜ台長が冥王星を受け入れないかについて、考えをめぐらせました。

たとえば、京都天文台が、東京天文台よりも先に冥王星を採用した、つまりライバルに先を越された、それを関口台長のプライドが許せず、冥王星は東京では使わない、と決めたのかもしれない。

関口台長の中では天文学は、まさにプロが扱うものと規定しているはずだ。つまり、わが日本では東京天文台のみが天文学を扱えるのであって、それ以外はすべて不適任。東京天文台以外は単なるアマチュアではないか。上野の科学博物館もだ。

そしてなんといっても冥王星という和名を発案した人物が、プロの天文家ではなく、天文民俗学者という肩書の、ただのアマチュアであったこと、そこが最大の問題なのだ。アマチュアが考えた和名など、使えるわけがないだろう。

台員たちは以上のような結論にいたりました。

神田茂さんの中では、関口台長への反抗心がふくらみました。そのころの神田さんには信念があったからです。

アマチュアの協力を得てこそ、日本の天文学は発展できる、という信念が。

執筆禁止令のこと

あるとき東京天文台で、次のような執筆禁止令が出されました。

天文学に関する個人的見解を、東京天文台の外において発表することを、今後は一切禁止する。また、通俗な講話を行うことも禁止する。

戦時という国家的非常時におけるその発令は、関口鯉吉台長によるものでした。

執筆禁止令は、神田茂さんを直撃しました。

すでに全国あちこちで神田さんは、アマチュアグループへの指導と育成に力をそそいでいたからです。

天文学にはアマチュアの協力が必要だという自分の考えを、神田さんは専門誌に積極的に書いていて、講演会でも発表しつづけていました。

「天体観測にもいろいろあるが、アマチュアにもできる観測がある、太陽、流星、変光星などは、肉眼や小望遠鏡でも充分にできる観測だ」

神田さんのそんな考えに共感し、はげまされながら、各地のアマチュア天文家たちは活動をつづけました。筑紫天文同好会はそんな中で誕生しました。

戦況がきびしくなると戦地へ出征したり、戦災にあうアマチュア天文家も多くなり、どのグループの活動も風前のともしびになりました。

だからこそ神田さんはアマチュアを応援したいと、するべきだと、それが自分の使命であると心を決めて、安定した仕事場だった東京天文台をみずからやめました。経済的なことも自分でやりくりしながら。

天文学を、権威主義の中から解放しようとした神田茂さんは、後につづく天文家の助け

神田茂さんが執筆した、変光星に関する専門書の数々

になるような資料を、多くの書籍にまとめました。

個人的には暦や天文の歴史についても研究し、ライフワークとし、隕石の調査研究においては、その道の第一人者になりました。

神田茂さんはいわば、天文学の探究者みたいな人でした。

現在の日本天文研究会メンバーに、以上のような神田茂さんの経歴を教えてもらいました。ありがとうございました。

日本天文研究会は設立時からずっと今でも、月に一度は上野の国立科学博物館でミーティングを開いているそうです。

第六章　空襲の夜

愛機を失って

下のイラストは、空襲のときにじいちゃんが持って逃げられず、焼けて失った自作の望遠鏡です。

じいちゃんはこの望遠鏡のこまかい部分まで、今でもよう覚えとる、と言いながら描いてくれました。

鏡胴は、経緯台にのせただけで、天体の運行に合わせては動かせないし、レンズは色も形もにじんで見え

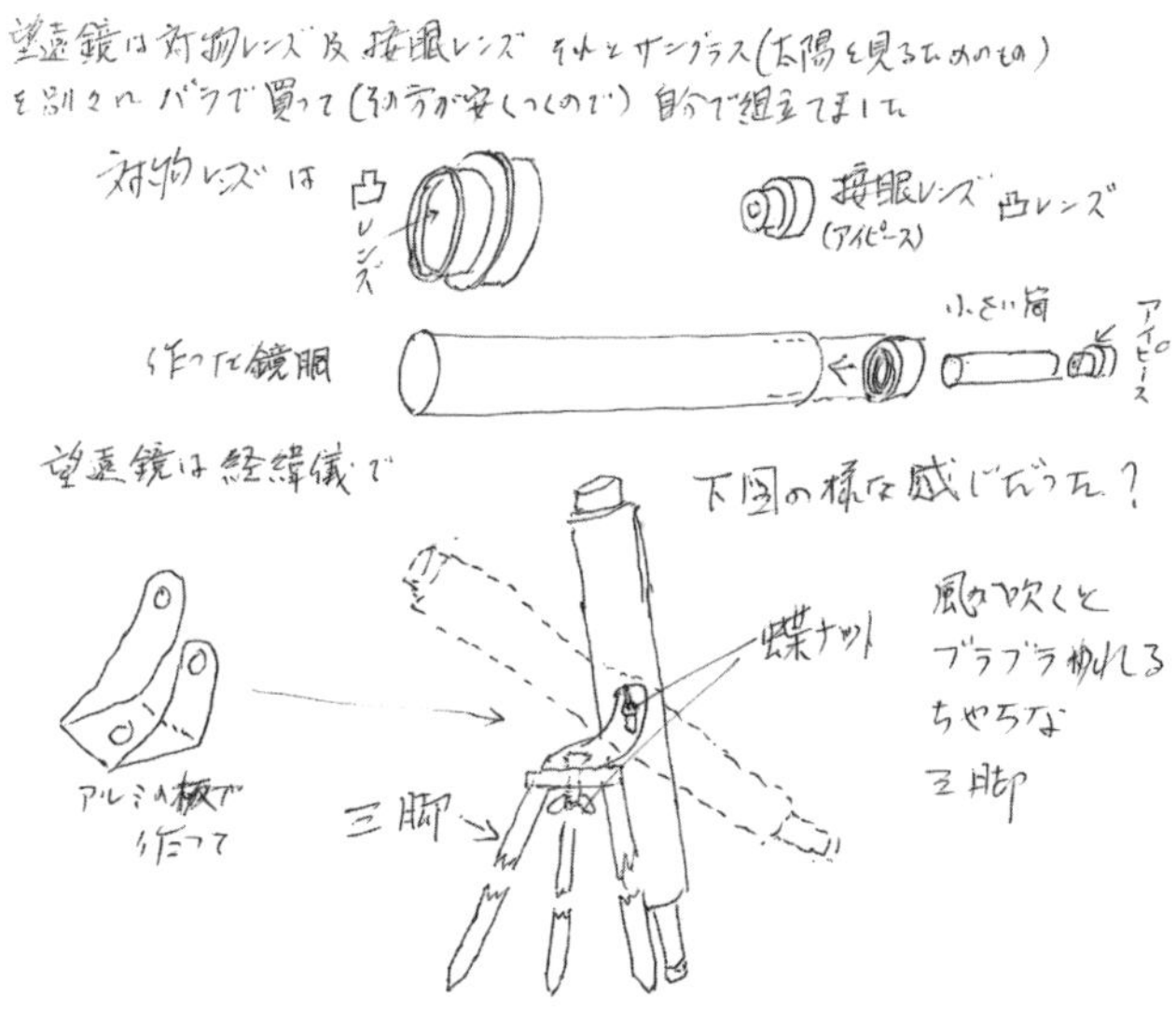
望遠鏡は対物レンズ及接眼レンズ それとサングラス(太陽を見るためのもの)
を別々にバラで買って(その方が安くつくので)自分で組立てました
対物レンズは
凸レンズ
接眼レンズ 凸レンズ
(アイピース)
作った鏡胴
小さい筒
アイピース
望遠鏡は経緯儀で
下図の様な感じだった？
風が吹くと
ブラブラゆれる
ちゃちな
三脚
蝶ナット
アルミの板で
作って
三脚

愛機のイラスト

る、単レンズ、まさにおもちゃ、でも大事な愛機だったと。

四日市空襲の話を次にまとめます。

空襲は、1945（昭和20）年6月18日、寝静まった午前1時ごろに始まりました。

「川へ逃げろッ」という警防団長の声が聞こえたので、防空壕へは入らずに家族みんなで走りました、近所の川、三滝川《みたきがわ》へ。

少年じいちゃんは天文資料をつつんだ風呂敷を2個かかえて走りました。

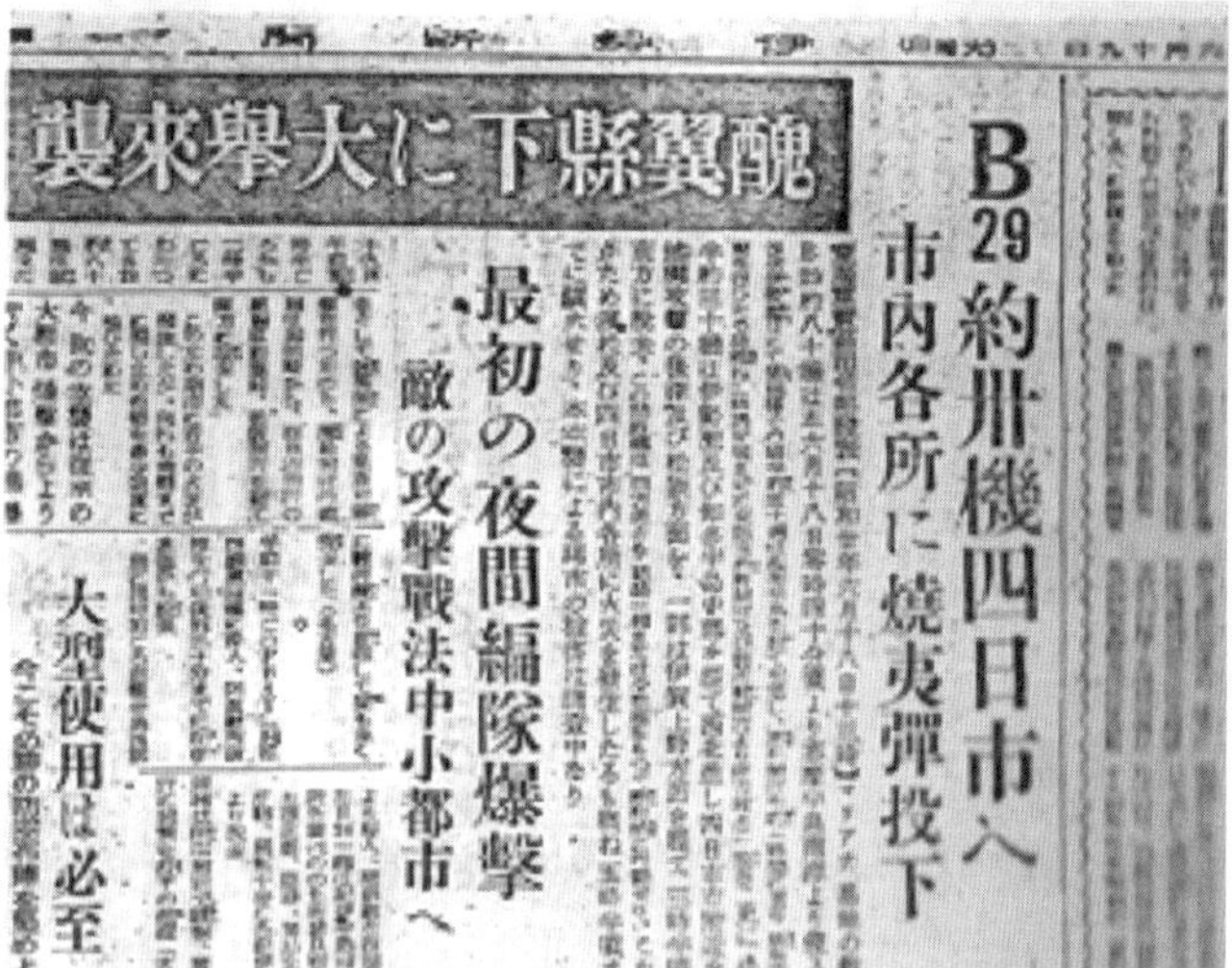

醜翼縣下に大擧來襲

B29約卅機四日市へ

市内各所に燒夷彈投下

最初の夜間編隊爆撃

敵の攻撃戰法中小都市へ

大型使用は必至

四日市空襲を報じる1945年6月19日の伊勢新聞

途中、焼夷弾が落ちて燃えてる家で、数人が火たたきで消そうとしているのが目にとまり、アカン、今は無理、死ぬわッ、と思いながら、三滝川の堤防へとかけ上がりました。

そこは広い堤防だったけど、もう人でいっぱいで、河川敷へすぐには下りられずにいると、ボンッと全身に圧をうけ、じいちゃんは飛ばされました。風呂敷包みも飛んだから、一個、ひろい上げて、もう一個もひろおうとしたら、火が風呂敷にうつり、中の資料が燃えはじめて…、夢中でじいちゃんは炎をはらって、一つかみ、わしづかみにして堤防の土手を転がるように下りたけど、足を取られてこけてしまった。

その土手には近所の人が畑を勝手につくっていたからで、芋のツルか何か、足にからんだものを取っぱらっていると、前方にも転んでる人がいて、もんぺ姿の女の人で、しかしその人は背中に、火のついてない焼夷弾が突きささっていたのです。

橋の周辺には、ものすごい数の人間がかたまっていました。

でもじきにその木造の慈善橋《じぜんばし》も、燃えはじめて。

だから川下へとまた走った。こんどはコンクリの老松橋《おいまつばし》へと。風呂敷包みをぎゅっとかかえて、水にもつかりながら、ヒュルヒュルと燃える油が降ってくる中を。

ようやくなんとか老松橋の下に、家族みんなでたどり着きました。

爆撃音はいつしか消えたので、朝が近づいてくるのをじっと待ちました。

わしづかみしていた資料は、あとで確かめたら筑紫天文同好会発行の会報でした。数枚あって、それぞれが半焼けになっていて、焼夷弾の油が黒っぽくにじんでいました。

夜明け

朝が近づくにつれて、じいちゃんの目はだんだん痛くなりました。砂が目にいっぱい入ってるみたいな痛さ。

原因は町中に充満した煙でした。

それでも明るくなりはじめると、気持ちは落ち着いた。

太陽を、昼間には直視できません。直視したら目がつぶれる。

でも朝日は直視できるから、正月には初日の出をおがめる。

その理由は、朝の時間帯には太陽と、そしてそれを見る人間のあいだに大気の厚みができているからで、さらに大気中にはホコリやチリも浮かんでいて、それらが全体でサングラスの役目をして、そのためじかに朝日を見られます。

ところが空襲があった6月18日の太陽は、そういった普通の姿をしていませんでした。まず朝日が昇ってきた時から、色がうす茶色、というか卵の黄身がくさったみたいな色をして、りんかくも満月のように真ん丸だった。もちろん直視ができた。そうして日中になっても、太陽が南中しても、ずっとその形でその色だった。だからずうーっと直視ができた。

なぜか。それは町が焼けた煙のせい。町中に充満した煙がサングラスの役目をしていたから。

直接見たら目がつぶれる昼間の太陽を、その日だけは直視ができた。生涯で一度っきりの体験、一度っきりの太陽だった。

じいちゃん本人はまだまだしゃべる気満々でしたが、その日は夕食時間がきたので、インタビューは終えました。

第七章　焼け野っ原で

半焼けの会報

　この半分焼けた天文同好会会報は、例の天文資料の紙袋の、目につくところにあったので運よく見つけられました。

　じいちゃんが四日市空襲のときに夢中でつかんで持って逃げた、筑紫天文同好会発行の会報です。

　半焼けだけど、昭和19年10月発行という文字は読める。

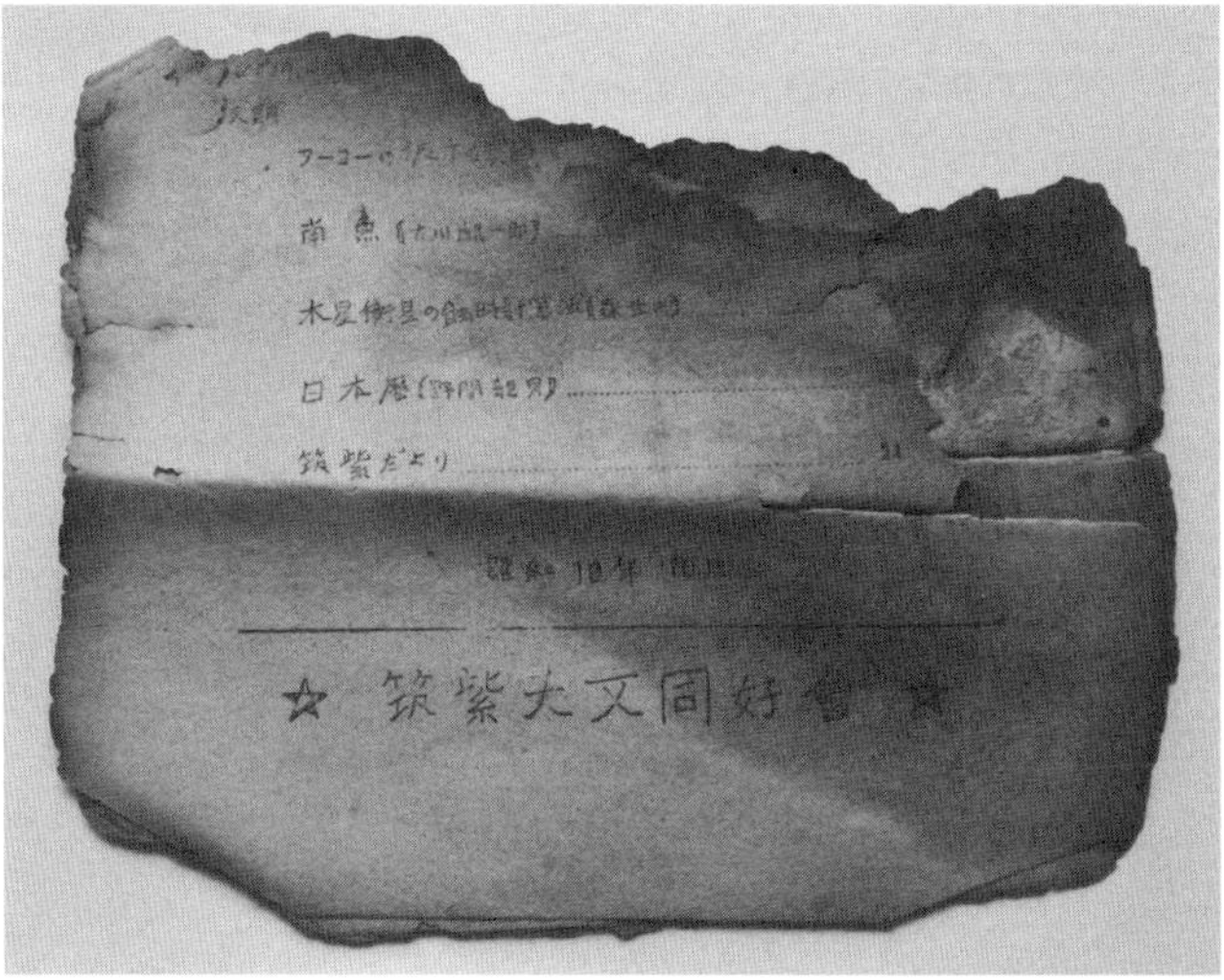

半焼けの会報１

会報の右がわ、黒っぽくなってる部分が焼夷弾の油のにじみです。

「それよりもケイタ、新星発見の資料は、もう見たんか？　まだ探しとらん？　早ぅせな」とじいちゃんは、ぼくをせっつきました。

　新星を、じいちゃんは終戦の翌年に発見したそうです。その資料もまとめて紙袋に入っているそうで。

　今度までに探してくるよ、とぼくは約束して、その日は空襲の話のつづきを聞きました。

半焼けの会報２

焼け跡へ通う

じいちゃん一家は空襲の直後に、町はずれの常盤小学校の講堂に避難して、ざこ寝して、炊き出しの塩むすびをもらいながら、昼間だけ町へと通いました。

自宅があったあたりを片づけて、バラックを建てていったのです。焼け残りの木材やトタン板をつかって。

誰もがガリガリにやせて、丸焼けになったあきらめと、B29はもう来んわ、といった白けた気分で動いていました。

じいちゃんはまた、よその家々に焼けずに残っていた米を見つけ出し、集めてもいました。

当時は水道ではなく井戸をつかう家が多く、それから、米はたいがい甕《かめ》に入れて台所に置いていたので、まずは井戸を見つけてその近くを探していれば、甕の米を発見できた。

甕の上っつらの焦げた部分はのぞいて、下の方の米をしっかり集めてまわりました。

よその物でも何でも、その頃は見つけたもの勝ちでした。

ほんらいなら戦時災害保護法という、法律によって焼け出された者には補償があるはずでしたが、空襲が日本全土に広がったためか、金銭的な補償はいっさい受けられなくなりました。

戦後になっても、民間人には何の補償もなかった。

軍人と軍属と、軍に協力した鉄道や船の関係者とかには、恩給がでました。空襲時に川へ逃げろッ、と叫んでいた警防団長にも少しは補償があったはず。

家も家族も失って、からだに障害をおった場合でも、民間人はガマンせよと言われつづけました。

この日のインタビューは、ここで終了。

つづきは明日。

宮崎君とヤオタケの防空壕

新星発見の資料は、昨夜《ゆうべ》も探せず。学校の宿題が多かったため。それで、昨日のつづきを聞き書きしました。


「夏やでな、気温がもう日増しに上がってってった。

学校の校庭で、死んだ人を集めて火葬するという話を聞いた。実際に焼くとこはじいちゃんは見やんだが。

焼き場が使い物にならんし、日に日に暑なったでやろ。


町の中心に、宮崎君の家があったんやわ。

宮崎君とこは、金港堂《きんこうどう》という、教科書を学校へおろしとる本屋でな、よう遊びに行った。

立体眼鏡があってさ。

箱の形をした眼鏡をのぞくと、平面のものが立体的に飛び出して見えて、これがおもしろてな。

あの空襲で、金港堂は影も形もなくなっとる。

避難しとる常盤小学校で、宮崎君は見かけやんし。ほんで、こんど校庭で焼くという中に、宮崎君も入っとるのかもしれん。そうも思たが、その時は。


宮崎君ちのとなりに、ヤオタケという八百屋が、昔はあってな。

4年生でじいちゃん、2年間休学したやろ。宮崎君とこへも行かんようになった。そしたらそのあいだにヤオタケはなくなってしもた。

戦況が厳しなったんで、お上《かみ》の命《めい》でヤオタケは立ち退きさせられて、ほんでその場所へ、何十人も収容できるセメントの防空壕がつくられた。

そのへんは町の中心で人出も多かったで、がんじょうな、ヤオタケの防空壕をしつらえたんやわ。

しかしまあB29に、やられた。

宮崎君ちも金港堂もぜんぶ燃えて、ヤオタケの防空壕の、セメントの形だけが残った。

そんでな、バラックを建てに町へ通とるときに、何かが臭う気がしとってな。

もしかしたら校庭で火葬をしとるせいやろか。その臭いが町外れから風に乗ってきて、ただよっておるのか、とも思たが。

そんな折に人が教えてくれたわ。ヤオタケの防空壕が臭うんやと。

6月18日の空襲でヤオタケの防空壕は、最初に出入口がやられた。

ほんで、中に避難しとった何十人かは出られんと、生き埋めになってしもた。そやから避難者は、焼夷弾で焼かれたんやなしに、壕で蒸し焼きになったらしい。

その壕を今は片づける人手がないし、気温は上がるしで、中が、だんだん腐って臭てくるんやと、人が教えてくれた。

宮崎君も、そこに避難しとったのかもしれんのやわ。ヤオタケの隣に住んどったで。分からんが。

なぁ、ケイタみたいな友だちが、よおけ死んだ。

同級の川島ひろし君、絵が上手な川島君は、特攻に行かされてしもた。

いとこの竹児は、満州へわたったまんまや。

戦争は、終わった。四日市空襲から2ヵ月で。神《かみ》風《かぜ》は吹かず。栗栖先生が言うたとおりや。

くず芋の時代

天体観測は、つづけておったんやがな。

じいちゃんの愛機が燃えてしもたんを、筑紫天文同好会へ知らせたら、西山さんがレンズを送ってくれてさ。3分の1欠けとったが、きっちり見える色消しレンズで、うれしかった。厚紙で愛機第2号を組み立てた。

四日市空襲後の焼け跡

神田茂先生が立ち上げた新しい会へ、筑紫天文同好会からもデータを送っとったし、コツコツやっとる人は全国におったよ。

村山定男さんは、ものすご活躍していった。偉なった。

小山ひさ子さんは、太陽黒点を観測して、世界に名が知れた。

よおけ専門家は誕生したに。


ただな、じいちゃんはアカンだ。つづけられんようになってった。食べるもんが、まずないんやで。芋の配給が、米ぬかに替わったりもしたわ。

おやじの一酸化炭素中毒、あれの後遺症がひびいたし、戦争が終わってからは、もう、なあ」


じいちゃんの口調が暗くなりました。顔も疲れて見えた。で、ぼくはあと一つだけ、気になったので質問して、帰ることにしました。

おやじの一酸化炭素中毒って、どういうこと？

バスの木炭車。馬力がなく、坂道を上り切れない時などは、乗客がバスを降りて押していた。

「ああ。うん、木炭車《もくたんしゃ》」

とじいちゃんは言って目を閉じて、思い出すようにして教えてくれました。

「個人タクシーを、おやじはしとったで。戦時中に、燃料をガソリンから、炭へ替えんとあかんようになった。ガソリンは戦地へ送るで。内地の車はみんな木炭車に改造した。

木炭車て、炭で走る車でさ。炭の配給が減ってくると、薪を燃料にした。

燃料をいぶす装置を、車のトラン

クに取りつけて、煙を吐いて走らす。

わざと不完全燃焼さすんやに、炭や薪を。そんで一酸化炭素のガスつくって走らしたで、ガスがもれるわ。

おやじはそやで中毒で、頭痛やらの後遺症がでた。怒りっぽぉなった。ほかの運転手は、よおけ死んだとも聞いた。

芋のくずを、畑へ拾いに行ったりもした。虫の食ったんや、芋のしっぽを。よその農家の畑へさ。食べることばぁっかり考えとった」

じいちゃんの声はやっぱり暗かった。それで急いでぼくは帰りました。

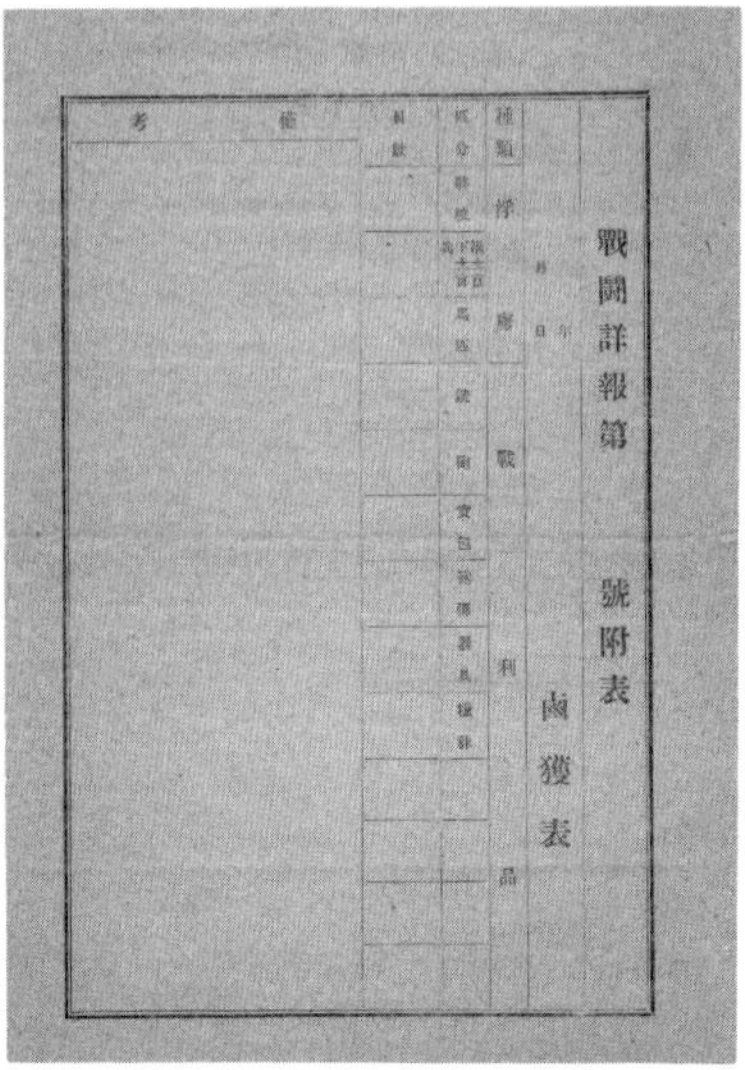
戦闘詳報第　號附表

鹵獲表

左の写真は、軍が報告書として使用していた「戦闘詳報」。

神田茂さんは戦時中に軍から頼まれて、天体の位置測定の仕事をしていた。そのため戦後になり、紙不足で頭をかかえる中、軍に残っていた「戦闘詳報」用紙を大量に分けてもらえ、その裏面を利用して、下の写真の「変光星観測報告」用紙をつくり、全国のアマチュア天文家たちに提供していた。

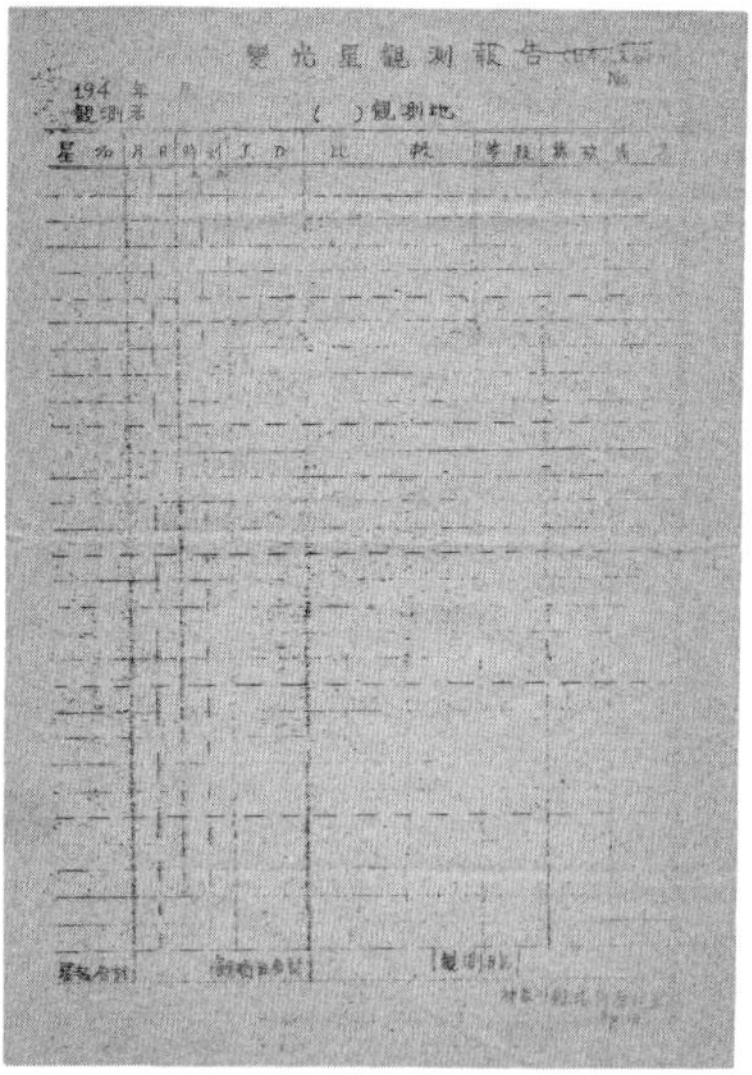
變光星觀測報告

「戦闘詳報」の裏面

第八章　戦中戦後の昭和

新星発見の資料を、ぼくはやっと見つけました。じいちゃんが発見した新星の。だから、その話をすぐに聞きに行くつもりだったんです。

ところがそのじいちゃんが、風邪をひいた、面会は1週間待て、とおじさんから連絡があり、……この前疲れた顔してたし、とぼくは気にしながら待ちました。1週間待ったんです。

そしたら今度は肺炎になった、面会禁止、とおじさんがまた言ってきた。同時に、ぼくは怒られましたよ。じいちゃんの肺炎はぼくが原因、ぼくがインタビューして体力と神経をすり減らしたからだって。

足だけでなく他にも悪いとこがあって施設にいたんじゃないか、っておじさんは言うが、そんなん、こっちは、聞いてないし。

天文資料はもう、おじさんへ返せとも言われた。

落ち込んだ、が、ねえちゃんと、しゃべって気持ちを整理した。

父さんからの情報――じいちゃんの肺炎は、安静にしてたら治るらしい！　ほッ。

それにしても、あのおじさん。天文資料を古くて使い物にならないゴミだから捨てるって勝手に決めた人間だろ。そっちの方がおかしいだろ、独善的で、一方的で。

ねえちゃんもぼくといっしょの気持ちになり腹を立てた。ぼくたちは、相談して、そして、だから、２人で決めました。

天文資料は今はとにかくおじさんには、返さない。

返さずに、ぼくたちで活用して、むかしの天文仲間のことを調べて、それから天文資料以外のこと、歴史とかも、２人で手分けして調べて、まとめることにしたんです。

調べる天文仲間は次の３名にします。

金属類回収令が1941（昭和16）年に公布されると、全国から寺の釣鐘が、四日市の石原産業に集められ、とかして兵器につくり変えられた。四日市市市民部地域振興課 編『目でみる郷土史 四日市のあゆみ』より

小山ひさ子さん―　じいちゃんの話に名前が出てきた方

神田清さん―　神田茂さんの弟で、満州へ行った方

村山定男さん―　日本天文研究会を、神田茂さんから引きついだ方

天文資料の袋にまぎれていた古い昭和の写真とかも、たくさんあげていきます。で、全体をまとめたタイトルは『昭和天文クロニクル』と決定。

四日市市史より

戦時下に、朝鮮半島からやってきて

四日市で働いていた人たちのことも、少し記しておこうと思います。

おじさんちの近くに在日コリアンが住む地域があって、その当時の子孫も中にはいるようだし、それから、そこの人たちにおじさんは前から冷たい態度だったので、調べてみようと思った。

図書館で『四日市市史・14巻』から要約して写してきました。

——朝鮮人労働者の激増

四日市地域の重化学工業化が進むと、建設現場と工場で労働力が不足し、これを補うため朝鮮人労働者が増加した。

労働力として不可欠ではあったが、警察は取り締まりの対象として監視した。とくに、1937年の秋に陸軍大演習が予定されていた（日中戦争開戦で中止）ため、朝鮮人密集地などを詳細に調査した。

対米英戦争がはじまると、労働力不足が深刻化し朝鮮人の流入がさらに進んだ。

石原産業株式会社（注：製錬工場。肥料や農薬も製造した）は、1939年から朝鮮半島で多数の労働者を募集し、紀州鉱山に導入を開始したが、四日市工場でも1944年から約400人を採用した。しかし、強制的な移入や劣悪な待遇のため定着状況はよくなかった。

敗戦時の在住朝鮮人の正確な統計はないが、『朝鮮人強制連行調査の記録』所収の「三重県知事引き継ぎ書」には、三重県全体で2万5160人、四日市警察管内で6450人と記している。

――協和会四日市支会

在住人数が増えるとともに、朝鮮人の集合場所として、出身地域や同業者による親睦団体が幾つもつくられた。

しかし戦時下になると、在住朝鮮人の自発的団体は危険視された。そして警察や行政による、戦争協力の官製団体へ強制的に再編され、その中で朝鮮人の「皇民化」政策が展開されていった。

四日市では既存の朝鮮人4団体を統合した会がつくられたが、それは会長に、永井四日市警察署長、幹事に特高主任、顧問に吉田市長などを配置した官製団体であった。そして39年に結成されていた中央協和会の、四日市支会に再編された。

その支会の発会式では、会員＝朝鮮人労働者1千余名が出席し、皇国臣民の誓詞を誓った。

会の活動は、日本人であることを自覚させる啓発活動や、軍への献金や勤労奉仕といったものだった。

協和号飛行機献納運動では、支会は1千名以上の会員から1475円を集めて献金した。

西山峰雄さんからの手紙

西山さんの手紙には観測のことのほか、苦しい暮らしぶりが書かれているので、そこをぬき書きします。

《小生の家、電燈は終戦前から引いて居ります。

始めのうちは盗電していました。5日もかかって自分で電線碍子《がいし》を拾って来て、100メートルばかり離れた電柱から引いたのです。しかし見付かって切られ、その後一週間ばかりして正式に配電会社から引いて貰ひました。

もっともこれには、隣組長が酒屋で、相当酒を廻して、やっと、町内一帯に引いて貰ったのです。

やはり情けない事ながら、裏から廻らぬと、どうにも受付けてくれません。

水道も隣の家で復旧するのに水道課に頼んだだけでしたが、10日

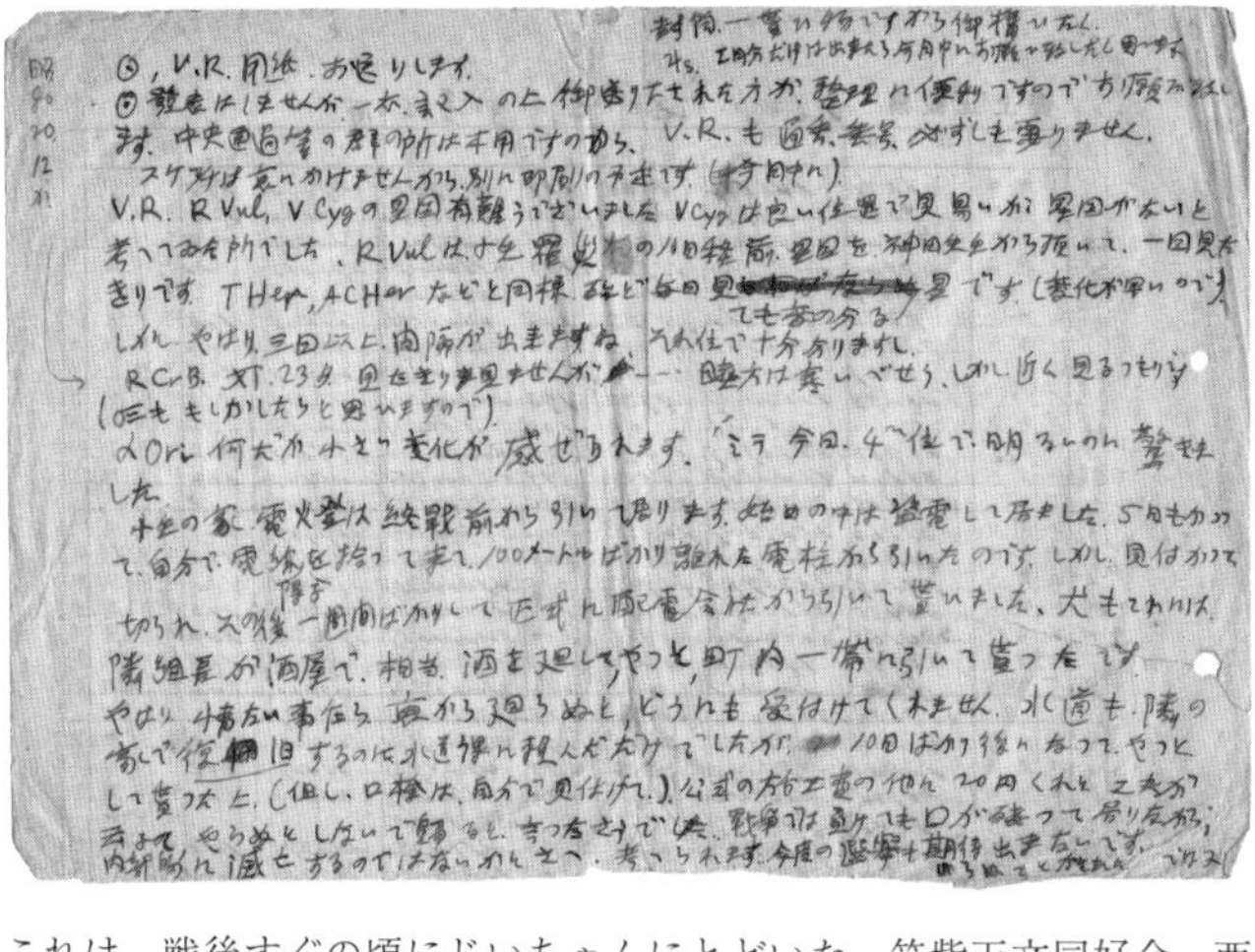

①、V.R.用紙、お送りします。

V.R. R Vul, V Cygの星図有難うございました VCygは良い位置で見易いが星図がないと考へて居た所でした、R Vulは[illegible]

しかし やはり三日以上、間隔が出来ますね それ位で十分分ります。

(これも もしかしたらと思いますので)

αOri 何だか小さい変化が感ぜられます。ミラ 今回、4等位で明るいのに驚きました。

小生の家 電燈は終戦前から引いて居ります。始めのうちは盗電して居ました。5日もかかって、自分で電線碍子を拾って来て、100メートルばかり離れた電柱から引いたのです。しかし見付かって切られ、その後一週間ばかりして正式に配電会社から引いて貰いました、尤もこれは、隣組長が酒屋で、相当酒を廻してやっと、町内一帯に引いて貰ったです。やはり情ない事ながら裏から廻らぬと、どうにも受付けてくれません。水道も隣の家で復旧するのに水道課に頼んだだけでしたが、10日ばかり後になってやっとして貰った。(但し、口金は自分で見付けて。)

これは、戦後すぐの頃にじいちゃんにとどいた、筑紫天文同好会・西山さんからの手紙。
当時、西山さんの家族が勤めていた福岡の松屋デパートの古い伝票、売上比較表の、裏面に書いている。

ばかり後になってやっとして貰った上（ただし、口栓は自分で見付けて）、公式の施工費の他に、20円くれと工夫が云ふて、やらぬとしないで帰る、と言ったさうでした。

戦争では負けても口が残って居りながら、内部的に滅亡するのではないかとさへ、考へられます。》

西山さんのほかの手紙も読むと、戦後の経済が、戦中よりもずっとひどくなったと分かり、調べてみたくなりました。

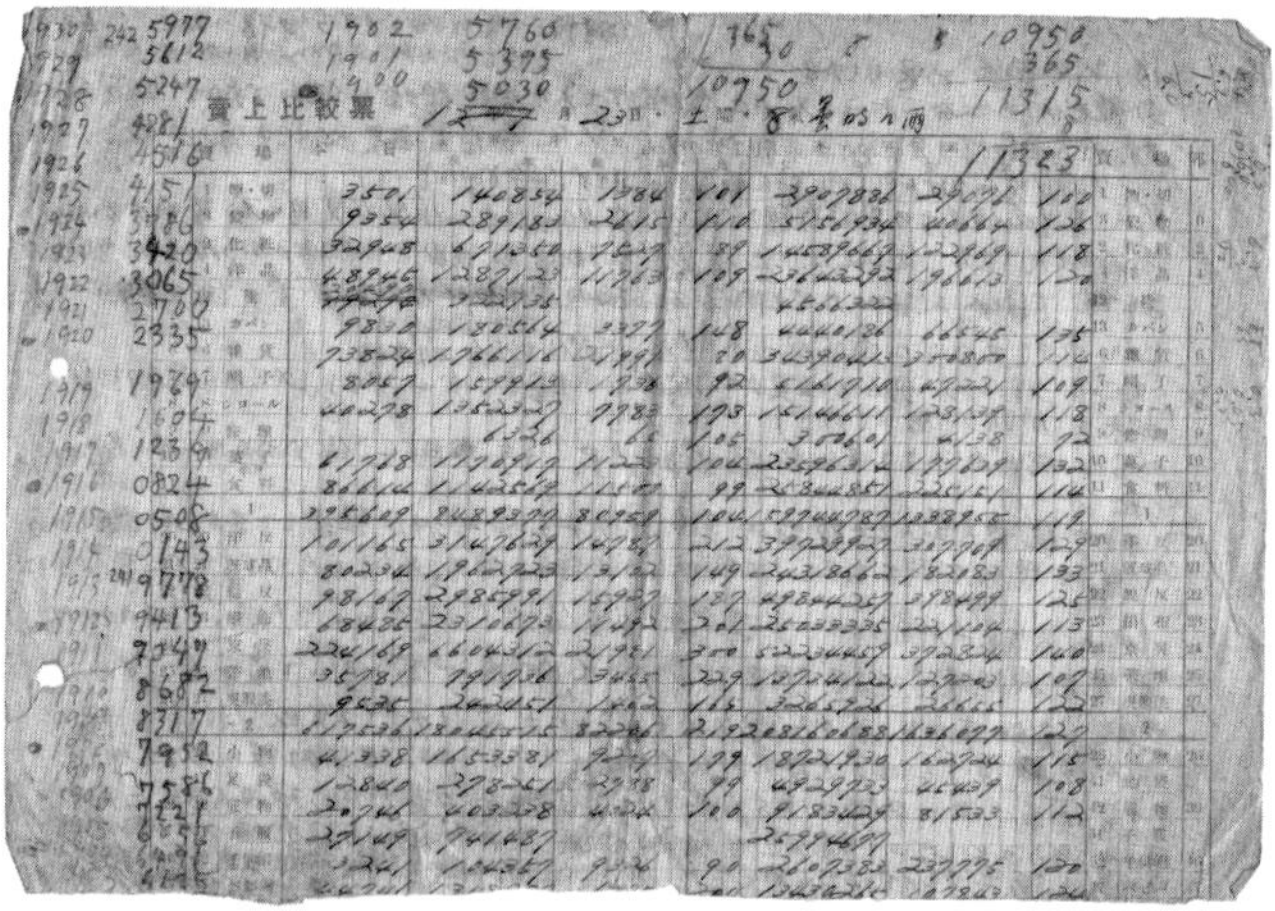

デパートの売上比較表

ハイパーインフレと預金封鎖

大戦によってアジアと太平洋の国ぜんたいで、２０００万人の軍人と民間人が、亡くなりました。

日本人に限ると、軍人・軍属の戦死が２３０万人で、その内の６割が餓死や飢えによる病死。民間人だと、国外で30万人が亡くなり、国内では空襲などで50万人以上が死亡。これらを合計すると、日本人の３１０万人以上が亡くなりました（１９６３年厚生省発表）。

戦時中に植民地だった朝鮮半島や台湾の人は、皇民化教育もあって日本人として仕事をして戦死もしたけれど、敗戦後すぐに植民地は本来の国に返されたため、かれらの日本国籍もそこで無しとなり、ゆえに国籍を持てない人を生みつつ、死亡数３１０万人の中には含まれないことになりました。

日本の都市や町は、中でも広島市と長崎市は原爆まで落とされて、ほぼ壊滅し、国家の税収はほぼゼロでした。

それでも日本政府には、戦時中に三井・三菱・川崎重工など、軍需企業に注文した兵器の支払いが残っていたし、戦争をつづけるために発行していた国債を、それはつまり国の借金のことですが、戦後にそれを返していく責任が政府にはあったし、ほかにも軍人への退職金や、遺族への手当も考えなければならず、さらに、外地から引き揚げてきた兵士と一般人あわせて700万人以上の人たちの、暮らしも政府はほうっておけなかったし、そしてまた、侵略したアジアの国々への賠償金も用意しなければならなかったし（とはいえ、全てを賠償すると日本がつぶれる可能性もあって、それらの国へは主に経済協力という形の支援をしたのですが）、もう日本の経済はめちゃくちゃでした。

お金の価値がまたたくまに下がってしまうハイパーインフレになり、きのうは店でらくらく買えたものが、きょうは値段がずっと上がって手が出ない、ということが起きました。

政府はそのため預金封鎖《よきんふうさ》を行いました。

それは国が、国民のお金をすい上げながら、インフレをおさえようとする政策でした。

いつからそれを始めるか、国民にはいっさい知らせず、不意打ちみたいに1946（昭和21）年2月17日の朝、スタートさせました。

その頃はふつうの家庭で一ヵ月の生活費に800円が必要だったのに、そのスタートした日の朝からは、ほぼ500円しか銀行で引き出せなくなりました。

同時に10円札以上のお札は、新しいデザインのお札に交換するよう言われたのですが、どう知恵をしぼっても、手持ちのすべては交換してもらえない制度になっていました。

財産がある人には、財産税がかけられました。

この預金封鎖で国民はほんとうに困きゅうし、栄養失調で亡くなる人もたくさん出ました。

しかしそうまでしたのに、ひどいインフレはおさえられなかった。

日本の経済がなんとかなったのは1950（昭和25）年6月、朝鮮戦争がぼっ発したからでした。戦火をさけて朝鮮半島から日本へと逃げた人たちもいました。

戦争でボロボロになっていた日本が、隣国の戦争によって回復できたその訳は、朝鮮戦争に参戦したアメリカが、日本国内でさまざまな物を調達しながら戦争をつづけたためで、日本の経済がそれで大きくうるおったからで、特需景気という、特別な需要による好景気がそこからつづいていきました。

第九章　小山ひさ子さんの太陽黒点

太陽黒点観測者

小山ひさ子さん（1916〜97）が、観測者として世界的な評価をうけるようになったのは、小山さんが亡くなって、少し経ってからのことでした。

終戦の翌年の1946（昭和21）年、上野の東京科学博物館（今の国立科学博物館）の職員になった小山さんは、それから約50年間にわたって、太陽を観測し、そのスケッチを1万点以上も描くという膨大な記録を残しました。

国立科学博物館

それは猛暑の日にも、凍える日にも毎日まいにち、悪天候で観測ができない場合はともかく、延々とつづけたゆえの大記録でした。がまん比べの優等生、と呼ばれたように他の誰にも成しえなかったことです。

2000年代に入って一つの研究プロジェクトが、世界の高名な学者たちによって行われました。

太陽黒点

それは、天ではなくて大地が動いているという地動説をとなえて宗教裁判にかけられた、イタリアの天文学者ガリレオ・ガリレイの時代から、現代までの400年間におよぶ太陽をめぐる観測データを、今いちど見直してみようという壮大な研究プロジェクトでした。

小山さんが残した観測記録は、そのプロジェクトで重要な役割を果たしたのです。そうして小山ひさ子さんという存在に、あらためて賛辞がおくられることになりました。

そんな小山さんの過去をふり返ると、20代の大人になってから、天文学に入れ込んでいったのが分かります。

ただ残念なことに、それは米軍による本土への空襲が激しくなった時期と重なっていました。まるで戦争が、一人の天文家を生み出したように見えるほどの重なり方でした。

日本初のプラネタリウム

1937（昭和12）年、日本初の科学館が大阪の地に建てられました。大阪市立電気科学館です。

その科学館内につくられたプラネタリウムは、ドイツのカールツァイス社製Ⅱ型で、直径が18mもあるドームへ、9000個の星を映し出せました。

大阪空襲はありましたが、建物の一部が焼けたもののプラネタリウムは幸い助かって、その後、1989（平成元）年まで営業していきます。

日本初のそのプラネタリウムは、世界で24番目に開館したすばらしいものでした。けれどもそこよりもっと大きいのが、翌年オープンします、東京に。

東日天文館プラネタリウム

1938（昭和13）年、東京の有楽町にオープンしたのが、東日天文館プラネタリウムです。

新聞社が運営する会館だったため、5年後に社名が毎日新聞社にかわったときに、

東日天文館。屋上に見えるのがプラネタリウムのドーム。

プラネタリウムも毎日天文館にかわります。

世界最大クラスのそのプラネタリウムは、やはりドイツのカールツァイス社製Ⅱ型で、20ｍドームと、４００席の座席がありました。

入館料は大人50銭、小人25銭。軍人も同じく25銭。

一年間の入場者が１００万人以上にもなる、東京の名所になっていきます。

大阪のプラネタリウムができた年は、日中戦争がはじまった１９３７（昭和12）年です。翌年の、東日天文館プラネタリウムがオープンした年には、国家総動員法という法律ができて――それは戦争を推しすすめるための法律で、政府が議会をさしおいて国民生活や経済に口を出せるというもので、だから人々の生活から、自由がどんどんうばわれていった時期にあたります。

そんな時期にプラネタリウムという楽しめる施設が、なぜオープンできたのか。

それは、星が戦争につながる重要なものだったからです。

当時はＧＰＳがない時代。星を見分けて行動することは、戦場で役に立つ。という考えのもと、プラネタリウムは運営されました。

星から方角を知るための本も出版されていました。

陸軍少将 小嶋時久著
『兵用天文 星で方角を知る法』

始まりはアンタレス

小山さんは、女子教育に熱心なひらけた家庭で生まれ育ったため、高等女学校を卒業しました。ただし天文学については、その後個人的に学んでいったようです。

東日天文館プラネタリウムが有楽町にオープンしたのは、小山さんが22歳のとき。自宅は山の手の青山にあり、有楽町は無理せずに行ける町でした。

プラネタリウムでは、月に一度ずつ天文講習会も開催されたので、天文愛好者同士で、おのずとグループができていきました。その中に、小山ひさ子さんも交じっていました。

さそり座　アンタレス

しかしその時代の社会は男女がひどく不平等でした。

父親である家長が家族を支配する、という家父長制が世の中に普通にゆきわたっていて、女性の地位は男尊女卑といわれるくらいに低く、選挙権も持たない女性は、男性につき従うものと考える人が一般的だったし、そのころに結婚した（らしい）小山さんは、それゆえ趣味の一つとして、星空にふれるだけだったと思われます。

東日天文館プラネタリウムの投影で、小山さんがまずひきつけられたのが、アンタレスでした。

夏の南の空に浮かぶさそり座の、心臓の

あたりで赤く輝く1等星が、アンタレスです。

直径が太陽の200倍以上もあるアンタレス（その後約700倍の大きさと分かりましたが）を中心にして、小山さんはいろんな星座を、プラネタリウムより帰宅してから実際に、夜空の中にさがしあて、それぞれを観察するようになっていきました。

また、流星を見つけようとしてみたり、『天体望遠鏡の作り方と観測法』（木邊成磨、誠文堂新光社）などの書物から、知識も深めていきました。

望遠鏡で観測

1944（昭和19）年11月になると、敵機が、東京の工業地帯にも爆弾を落としていくようになりました。

それでもまだ大本営は、ラジオや新聞をとおして日本の勇戦をアナウンスしていたし、もしも空襲による火災が東京で起きたとしても、国体と国土を守るため、国民は逃げずに火を消せと命じられていたこともあって、空襲警報が聞こえる夜にも小山さんは、動じずに星空を観察していました。庭にひっぱり出した布団をかぶって、懐中電灯で星図を照らしながら。

小山さんはそうして、出征した夫君の無事を祈って帰りを待っていましたが、そんな娘の身を心配したからでしょうか、父親が、小さな望遠鏡を小山さんにプレゼントしてくれました。倍率60倍の36ミリ屈折望遠鏡を。小山さん28歳のときです。

その望遠鏡をのぞくと、人間同士の戦争はすっかり失せて、永遠へとつながる輝きだけが見えてきます。そこには、夫の不在という辛《つら》い現実さえ押しやるほどの世界があるのです。

小山さんはますます観測にはげんでいきました。

変光星観測もやりはじめて、１９４４（昭和19）年12月から翌年の1月にかけては、計95個を観測しました。

その観測結果については、天文仲間によって伝えられたのでしょう、神田茂さんの資料の中の、アマチュア天文家のリストの一角にしっかり記録されています。
そして2月は30個、3月は24個、4月は35個、5月には13個の変光星を観測したと。

太陽黒点とは？

小山さんは変光星観測をはじめると同時に、太陽黒点の観測にもチャレンジしました。自分の望遠鏡が、太陽を観測するのにちょうど良いサイズと知ったからです。

ところが、毎日観測しても、それらしき黒い点は見つけられなかった。

――しかし太陽黒点とは、そもそも何なんでしょう？

それはその黒い点、一つひとつがN極とS極をもつ磁石であり、太陽の内部でつくられて、表面に上がってきて黒点となりますが、それぞれ数日から数ヵ月で消えていきます。

そしてほぼ11年周期で、黒点が多くあらわれる時期と少ない時期とをくり返しています。ただし地球から見て黒い点ですが、実際のそこは、まわりより温度が低いために黒く見えるだけで、本当は満月よりも明るく輝いているのです。

人類が暮らす地球もまた、N極S極のある一つの磁石の構造をしています。そして太陽という大きな磁力の影響をうけています。そのため、太陽黒点は欠かせない観測対象なのです。

小山さんは一ヵ月間も黒点観測にチャレンジしたけれど、一つも発見できず、もうあきらめかけた時でした。ポツンとした、シミのようなものを見つけます。とりあえずそれを紙に写し取りました。

それはいったい太陽黒点なのか？　あるいは違うのか？　誰かに小山さんは教えてもらいたかった。

でも、グループの仲間をふくめて黒点を理解している知り合いがいなかったので、小山さんは、だったらいっそのこと本物の専門家にたずねようか、と考えました。

たとえば天文学者の山本一清《やまもといっせい》先生に、と。

後に、西の山本一清、東の神田茂、と並んで称されるようにもなる山本さんは、神田茂さんよりやや年上だったこともあり、すでに関西を拠点にさまざまな活動を行っていました。

京都帝大教授で、京都帝大に付属した天文台の、初代台長もつとめ、アマチュアの指導にも熱心だったため、東亜天文協会（のちの東亜天文学会）という同好会もつくっていました。


小山さんは少しは迷ったものの、思いきって山本一清さんにあてて、太陽から写し取ったスケッチを送ったのです。


すると、返事がきました、山本一清さんから。

「観測報告ありがとう。それが黒点です」

そして、今は太陽に黒点が少ない時期なのだと教えられました。

小山さんはどんなにうれしかったことでしょう。観測をしたら、報告して記録していく、そのことの大事さにも思いが至りました。

山本一清さんからの返事によって勇気づけられ、そこに意義のようなものを見出せた小山さんは、さらに観測をつづけようと気持ちをかためました。

山の手大空襲

１９４５（昭和20）年5月24日未明から25日深夜にかけての大空襲は、東京の山の手一帯をすっかり焼きつくすものでした。

有楽町にあった東日天文館（＝毎日天文館）にも、高温で一気に燃えさかるテルミット焼夷弾が投下され、プラネタリウムは20ｍドームから焼け落ちていきました。

東京に、次にプラネタリウムがつくられるのは１９５７（昭和32）年、渋谷の五島《ごとう》プラネタリウムになります。

青山、渋谷、世田谷、目黒、品川が標的にされた5月24日には、下町が灰となった3月10日の東京大空襲よりも多くの爆弾が落とされ、嵐のような火炎旋風がおこり、多くの人が犠牲になりました。

自宅が青山にあった小山さんは、かろうじて青山墓地へ逃げてなんとか助かりましたが、自宅は丸焼けになり、天文学の書物や資料や観測記録はもちろん灰になり、そして逃げ出す際、庭に穴を掘ってうめた望遠鏡、あの永遠の輝きを見せてくれた望遠鏡は、焼け跡にもどって掘り出したらばグニャリと、レンズが飴のようにぶら下がるガラクタに成り果てていました。

そして空襲は、小山さんの母親をも奪い去りました。

小山さんは一時《いっとき》に、自身がよって立つ大事なものたちを失ったのです。

焼け出された小山さんは郊外に身を移しました。そうこうしていると、長かった戦争が終わった、とラジオが伝え、やはり無茶な負け戦だった、と話す声が耳に入り、そしてそれから自分の夫が、戦地から戻って来ないことを知らされました。小山さんは戦争未亡人になりました。

戦後という時代を小山さんは、まるで自分の半身を、なくしたようになりながら迎えたのです。

科学博物館にて

3月10日の東京大空襲で、科学博物館は被災はしなかったけれど、博物館の周辺はもう上野公園とは名ばかりの、おびただしい遺体の仮埋葬地となっていました。

敗戦が決まり、陸軍は宿舎にしていた科学博物館から引きあげていきましたが、しかし建物の中は荒れ放題。館内の陳列品はいくつも壊され、軍が持ち込んでいた双眼鏡などが転がり散らかり。

それらはどう見ても軍人が敗戦の腹いせに、荒らしていったに違いない様《さま》でした。

唯一、屋上に設置された20センチ屈折望遠鏡だけは、鍵にしっかり守られて無傷でした。

科学博物館は、戦後は片づけられて再生され、その年の11月には観望会も開かれることになりました。

その雑務にあたる人の中に、小山ひさ子さんが交じっていました。なぜかというと、神田茂さんと縁ができていたからです。

神田茂さんは、8月15日に玉音放送を聞いて敗戦を知ったその3ヵ月後に、日本天文研究会の第一回会合を開きました。

その会合には若い天文家やアマチュア天文家が呼びかけられて集《つど》い、小山ひさ子さんも、かつて東日天文館プラネタリウム内につくっていたグループから、つながりができて加われました。

その後、日本天文研究会の会合が博物館内で定期的に開かれていくなか、小山さんは、雑務をになう仕事につけることになったのです。たいへん幸運でした。

戦後の混乱期だったこともあってか、その少しあとには、小山さんは科学博物館の職員にもなれました。

そして職員ゆえに使用できるようになった屋上の20センチ屈折望遠鏡で、小山さんは太陽黒点の観測を行いました。科学博物館の近くに部屋をさがして私宅とし、出勤しては、観測を行いました。かつては戦火の中でやるしかなかった作業を、空襲に一つもおびえることなく。

小山ひさ子さん

その頃は、黒点観測をその後50年もやりつづけるなんてみじんも考えなかったでしょう。

ただ一日一日と、ほぼ決まった時刻に、ほぼ決まった手順で、同じ作業をくり返すだけでした。

それはいってみれば、戦火によって奪われてしまった自分の半身を、なぐさめるかのような、あるいは自分の半身を、なんとか取り戻そうとするかのような、ごく個人的な行いでした。

小山さんの姿は、黙々と祈る人にも似ていたかもしれません。

観測者としての一歩を、小山ひさ子さんは、そのように始めていったのでした。

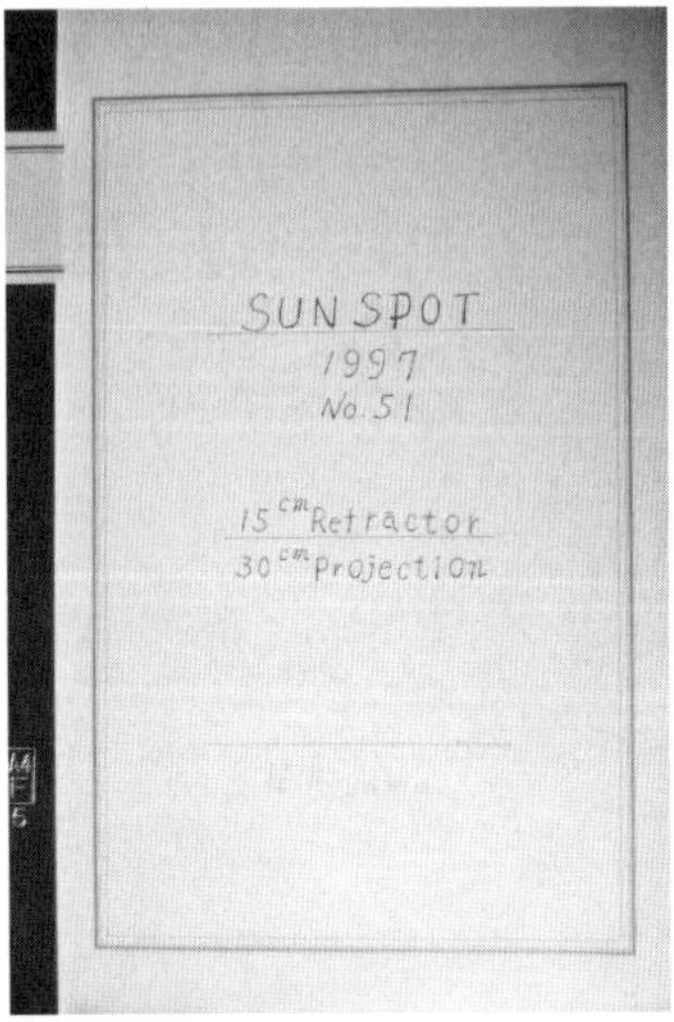

左は51冊目の黒点観測ノート。小山さんは観測を1947年から毎年1冊ずつのノートにまとめて、50年間の50冊を公表した。観測は定年退職後も、館友として科学博物館にて行い、それから村山定男さん宅の観測所でも行った。
このノートは、小山さんが亡くなった年のもの。

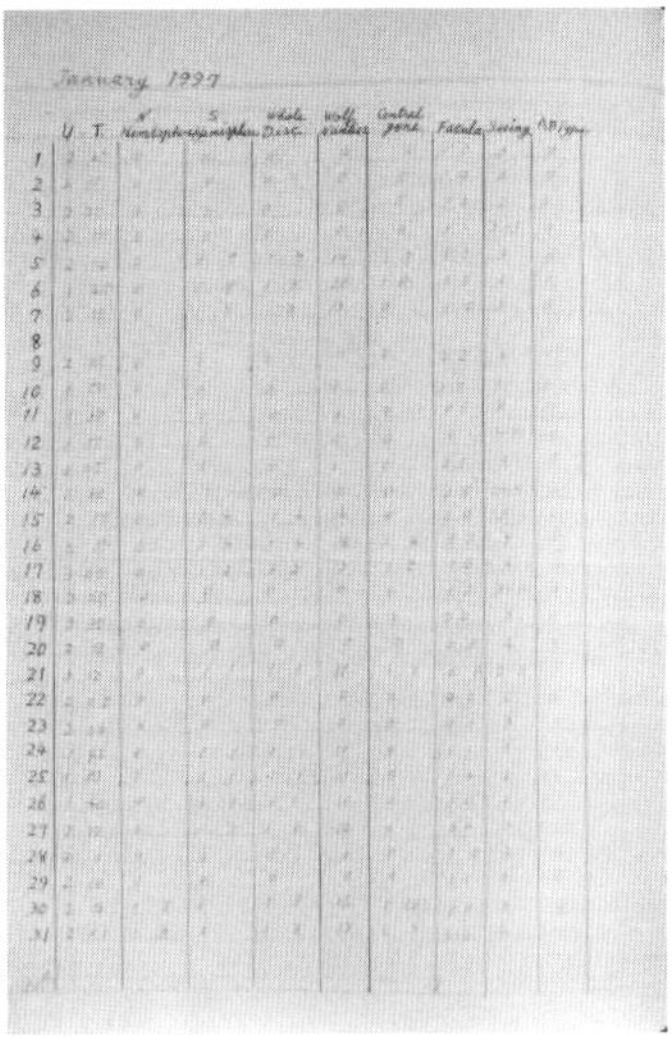

51冊目のノートを開いた、1月分のページ。
観測は終えたが清書はせず、鉛筆書きのままになっている。このノートは、1月以外はすべてが真っさら。つまり小山さんは、ここで観測することをやめている。
そしてその年の3月末から4月初めまで、小山さんは「ヘール・ボップ彗星とオーロラを見るツアー」に参加して、アラスカへと旅に出た。
そうしてツアーから帰国して、自宅へ戻ったその日に小山さんは亡くなった。まるで51冊目のノートを、描き終えるような亡くなり方だった。

第十章　新星発見と天文同好会の終わり

学校の冬休みもあったので、サエねえとぼくはいろいろやれました。日本天文研究会のメンバーに（前に神田茂さんの話を聞いた匿名希望の人に）、新たなインタビューもできたし。

神田清さん、村山定男さん、この2人を順にまとめます。

コロナの流行で、じいちゃんに新星発見の話を聞けず困っていたら、父さんが、昔のことを知ってて教えてもらえて、良かったです。

が、父さんによると、おじさんの方がずっとくわしく知ってるようで、だからケイタ、おじさんにインタビューして来いよとすすめられ、ぼくはムッとなりました。

父さんが何気に言ったことにもゲッとなった。父さんたち兄弟で、性格がじいちゃんに似てるのはおじさんなんだって。はああッ？　サエねえは、ケイタとじいちゃんこそ似た者同士と分析しています。

ぼくはムッとなりゲエッとなってた。だけども、この現状を完全に打開しうる、アイデアを思いついたのですよ！

天文会館のこと

じいちゃんは新星を発見した翌年（１９４７年）に、日本天文学会（まぎらわしいですが、日本天文研究会とは違って、学者や研究者が集う公の団体）から、〈表彰状〉と、〈記念品の理科年表〉をもらいました。

父さんの話だと、その表彰状と理科年表を、じいちゃんは後年、平成時代になってから天文会館へ寄贈した、というか天文会館で引き取ってもらったそうです。よってじいちゃんは現物を写真にとって、それを、大事に手元に置いてきたってことです。

で、次が一番重要なところです。

その天文会館では、表彰状や記念品だけでなく、アマチュア天文家が残した資料をあちこちから集めて保存してるらしいので、だったら今ぼくの手元にある天文資料も、その会館で、引き取ってもらったら良いんじゃないかと思うんですよ。

おじさんには今は意地でも資料は返したくないし、じいちゃんもぜったい喜ぶはず。

天文会館へ、ぼくはかならず連絡します。乞うご期待。

新星とは?

そもそも新星とはどんな星?　基礎知識、調べました。

・新星とは新しい星ではなく、爆発してすごく明るくなった星のことをいう。
・その爆発とは、星そのものが粉々に爆発するのではなく、その星の表面にたまった水素が、爆発することをいう。
・水素が爆発するとは核融合反応であり、いってみれば巨大な水爆が、星の表面で大々的に爆発するってこと。

以上はじいちゃんが発見した新星の特徴で、宇宙には他にもさらに大きなエネルギーを発出する新星とか、さまざまな種類があるようです。

それら1個1個への地味な観測の積み重ねで、当時は宇宙を知ろうとしていました。

じいちゃんのかんむり座T星大爆発

1946（昭和21）年2月10日、早朝5時になろうとする時刻、17歳のじいちゃんは寝間着にオーバーを引っかけて、バラックの自宅から外へと出ました。厚紙でつくった2代目望遠鏡をたずさえて。

じいちゃんはそんな時刻でも腹が減っていました。

終戦の翌年の社会は特にひどいインフレで、その月の17日からは突然のインフレ対策の、預金封鎖が行われるほどで、家にはカネも食べ物もないから当然いつも空腹。だから天文はもうあきらめるか、と思い始めていた頃でした。

しかしあきらめる気持ちにはなっても、腹が減りすぎて眠れやしないし、夜空がなにしろ澄みわたる季節だし、じゃあしょうがない、変光星の観測でもしよう、とじいちゃんは深夜や早朝に起き出すことがあったのです。

2月10日のまだ真っ暗な午前5時。見上げると中天に、かんむり座の星々が輝いていました。地球から74光年という遠い距離にある星々です。ですがじいちゃんは一目で気づきました、いつもとは違うぞと。

それまでに見たこともない明るい星が、かんむり座のカーブになっている端っこに見分けられたのです。

新星か？　いや、まさか。といぶかりながら、自作した2代目愛機でも観ましたが、やっぱり輝いて観えた。

星図を確認すると、その星は、以前に爆発したと記録されている、かんむり座T星でした。

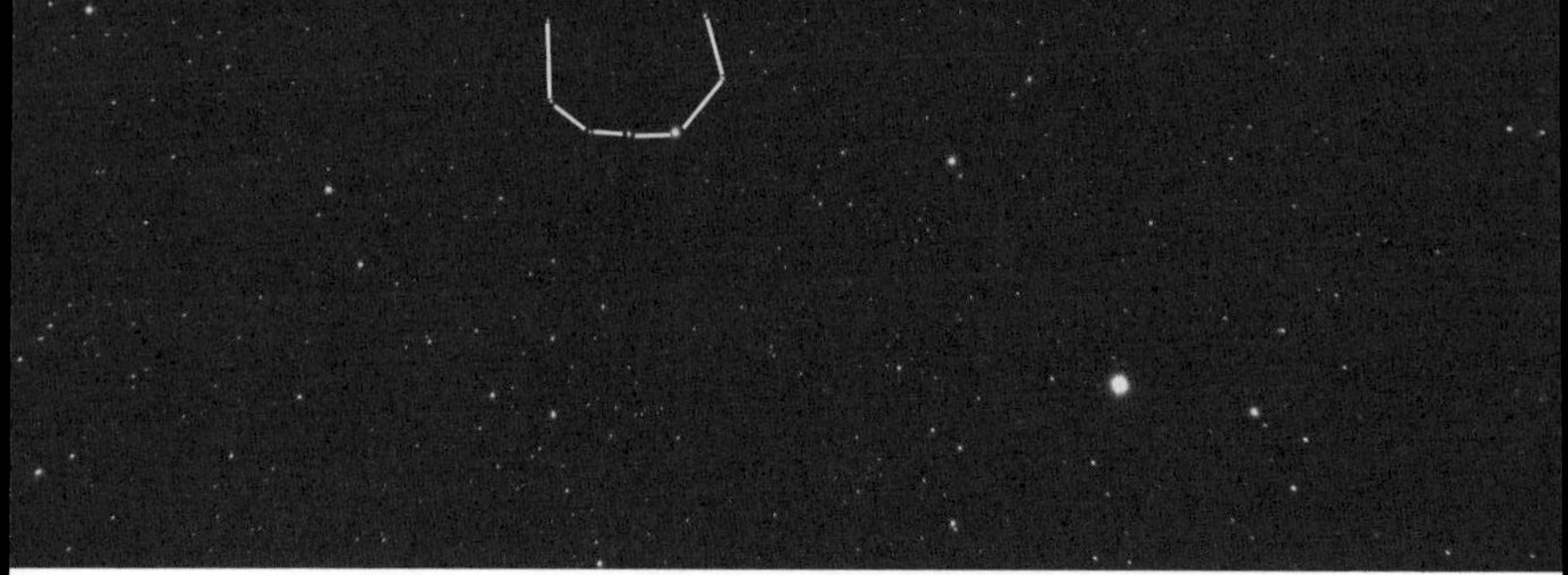

かんむり座　右下の明るい星はうしかい座のアークトゥルス

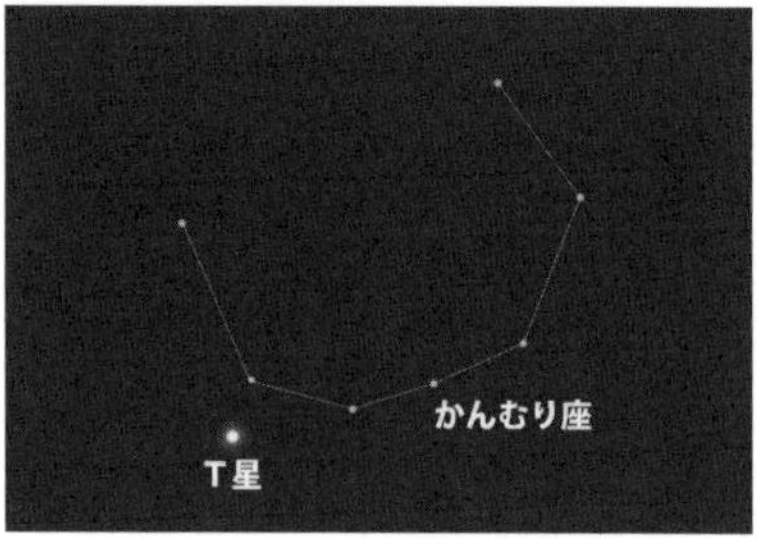

かんむり座　T星

そのT星は、1866年に一度爆発していました。

今は昭和21年、つまり1946年だから、80年ぶりの再爆発か…？　でもまさか、自分が見つけるなんて。

と、じいちゃんはどこまでも信じられない気持ちでしたが、神田茂先生には、ともかく知らせておこうとハガキを書きました。

天体発見をした場合は電報を形式にのっ

とって打てばよかったのですが、それを知らずにハガキに書いたため、しかも当時のひどい郵便事情で、神田さんのもとに配達されたのは、それから一ヵ月近くも後のことで、だから出した本人はすでに、天文ではなく電気の勉強をしようと考え始めていました。

日本国内で一番最初にかんむり座T星のその再爆発を発見したのは、午前2時20分の、斎藤馨児《さいとうけいじ》さんという浜松高等工業学校の学生さんでした。斎藤さんは後に東京天文台に勤め、彗星の本も出版されています。

じいちゃんである吉原正廣は、国内第2位で独立発見をしたと認められ、神田茂さんが発行した会報にも載せてもらいました。

翌年の、4月のある日、日本天文学会からじいちゃんのもとに、表彰状と記念の理科年表が郵送されてきました。突然のびっくりな郵便物。

もちろんすごくうれしかった。だから感謝の気持ちもあって、じいちゃんはもう一年だけ、日本天文研究会の会費を払うことにしました。

でもうれしいだけではなくて、天文をあきらめたことへの悔しさや、腹立たしさや、未

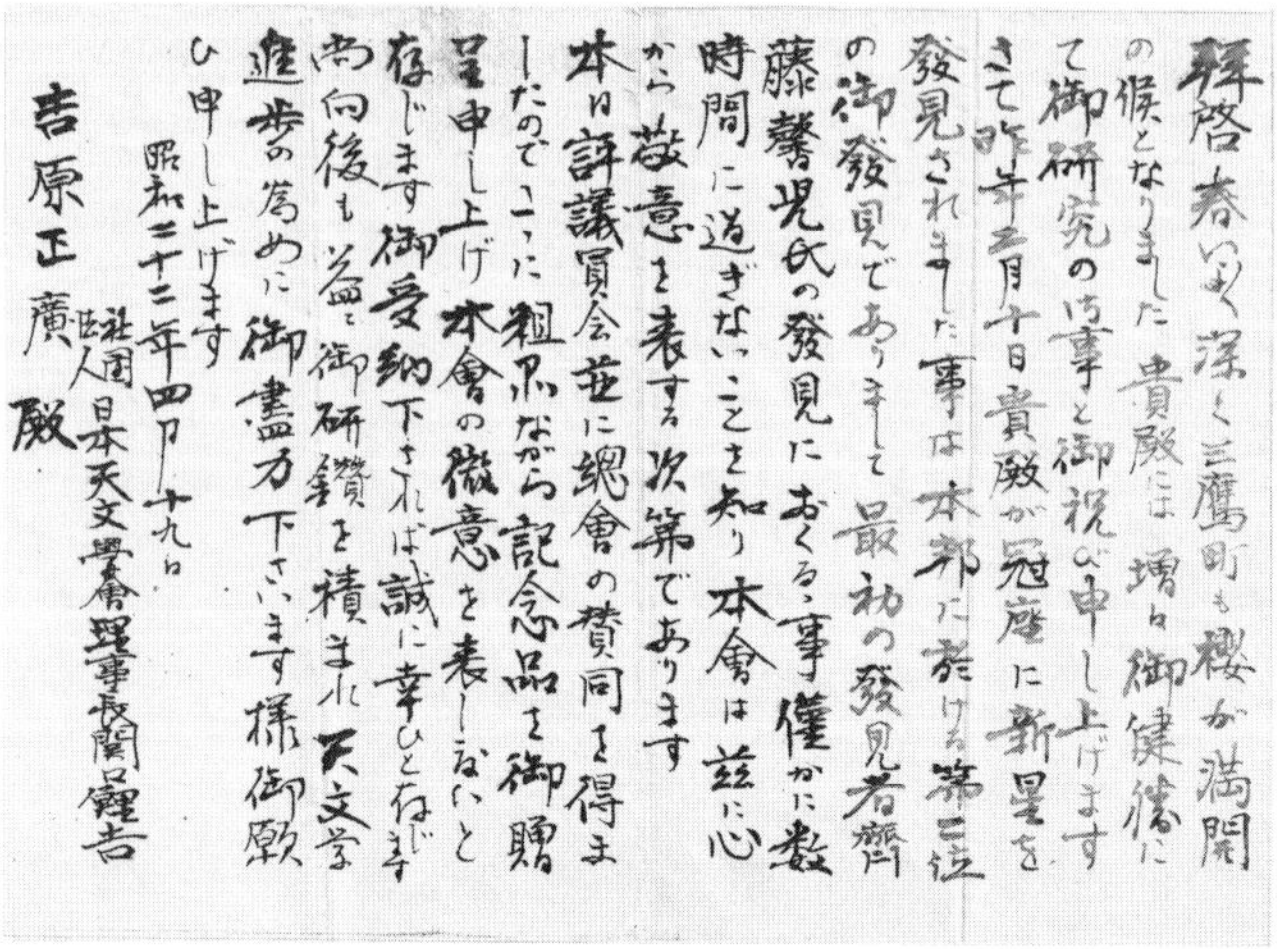

拝啓　春いよいよ深く三鷹町も櫻が満開の候となりました　貴殿には増々御健勝にて御研究の由事と御祝び申し上げます
さて昨年三月十日貴殿が冠座に新星を發見されました事は本邦に於ける第二位の御發見でありまして最初の發見者齋藤馨児氏の發見におくるゝ事僅かに数時間に過ぎないことを知り　本會は茲に心から敬意を表する次第であります
本日評議員会並に總會の賛同を得ましたのでこゝに粗末ながら記念品を御贈呈申し上げ本會の微意を表しないと存じます　御受納下されば誠に幸ひと存じます
尚向後も益々御研鑽を積まれ天文学進歩の為めに御盡力下さいます様御願ひ申し上げます

昭和二十二年四月十九日
社団法人日本天文學會理事長関口鯉吉

吉原正廣殿

新星発見の賞状
日本天文学会理事長・関口鯉吉氏の書簡　昭和 22 年 4 月 19 日

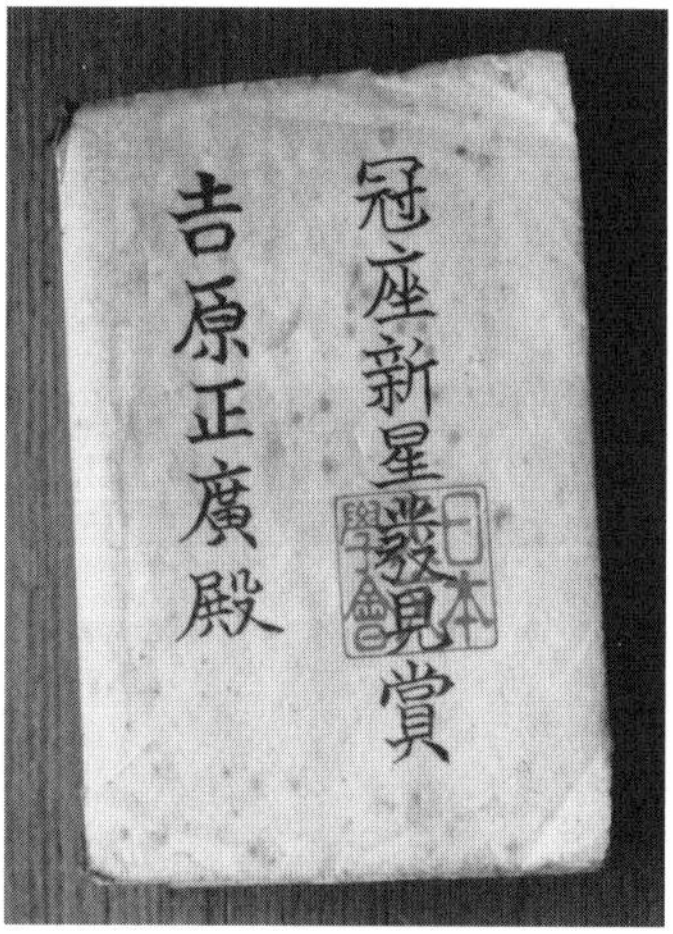

冠座新星発見賞・理科年表

練や無力さも同時に思い起こさせる、それは複雑な表彰になったのでした。

筑紫天文同好会の解散

敗戦した後の約7年間、日本はポツダム宣言に沿って、戦争に勝った連合国によって占領されることになりました。

連合国は米国、英国、ソ連、中国など26か国でしたが、主に米国が進駐軍（GHQ）として日本を統治しました。そして日本での出版物や手紙などに、検閲《けんえつ》を行いました。

検閲では、戦争や戦前の思想に今も賛同していないか？　それから進駐軍を悪く書いていないか？　とチェックされました。

筑紫天文同好会は、政治とは縁のない地方の小さな同好会でしたが、それでも検閲をうけました。

日本は無条件降伏した、つまり条件を一切つけずに負けを認めて敵に服従する、と決まった敗戦国でしたから、検閲はすみずみまで徹底されたのです。

1946（昭和21）年3月、西山さんと同好会の仲間は、福岡県庁にあった米軍の検閲局に呼び出されました。

そこでは筑紫天文同好会の活動目的や、会員数などを質問され、それから進駐軍については好き勝手に書かないように言われ、もしも進駐軍側が、会報にのせる記事をカットするよう命じた時には、その命令が外部に分からないように、つまり何事もなかったようにうまく書き直せと言われました。

西山さんたちは、ただうなずいて指示を受け入れました。

けれども次の事に関しては、非常に困った。

検閲局は、筑紫天文同好会が会報を発行するたびに検閲用として2部ずつ、無料で提出せよと命じてきたのです。

そのころは、戦争中とは比べものにならないほど紙不足におちいっていた時期です。会員たちの会報を30部つくるのもやっとのことでした。それなのに無料で、2部もよこせという。

西山さんはせめて有料にしてほしいと交渉しましたが、答えはノーでした。

その後、どうしたものかと頭をかかえていると、検閲局からまた呼び出され、なぜ会報を提出してこないのか、と一方的に責められました。

それは発行が少し遅れただけのことでしたが、検閲局からは、きっちり予定を守れと厳重注意されたのです。

西山さんたち仲間は集まって話し合いました。

神田茂先生の日本天文研究会が結成されて、活動を順調につづけているし、ほかにも活動を始めた会があるようだし、だからうちの会は、そろそろ終わりにしようかと。

戦中戦後のたいへんな時期に《小型望遠鏡観測者同盟》と呼ばれもした《筑紫天文同好会》は、所期の目的を達したとして、１９４７（昭和22）年3月に閉会しました。

第十一章　神田清さん満州へ

8歳下の弟

神田清さん（1902～48）は、神田茂さんの8歳下の弟で、子どもの頃からの天文家でしたが、満州国の中央観象台へと、30歳すぎに赴任することになりました。

観象台というのは天文台と気象台、両方の仕事をやっていた機関です。

中国北東部にあった満州国は皇帝のい

満州国の地図

る独立国でしたが、じっさいは日本がつくった傀儡《かいらい》国家でした。傀儡とはあやつり人形の意味で、実権は日本がにぎっていたということ。

そのわけは超大国ロシアが、いつか凍らない港を得るため南方へと攻め込んでくるかもしれない、という恐れがつねに日本にはあったため、そして1917年の革命で、ロシアはソビエト連邦という共産主義国家に変わったため、日本は自国を守るために、朝鮮半島をまずはたしかな植民地にし、それからその先の領域である満州をもたしかな防波堤にするために、国家運営をあやつり人形のようにコントロールしたのです。

そうして神田清さんのような、各分野における専門家や技術者や、多くの官僚、それから農業にたずさわる20万人以上もの開拓移民を、日本は満州に送り込んでいきました。

満蒙開拓青少年義勇軍という若い開拓移民も、学校からえらばれて送られました。当時は多くの子どもにとって義勇軍は、軍人みたいな名前でカッコいいあこがれの的でした。じいちゃんのいとこの竹児は名誉なことにえらばれて、村の壮行会でも万歳三唱で送られて、3年の訓練期間も国費でまかなってもらいました。

ただし渡った満州は、信じられないくらいに寒くてきびしい土地でした。冬には井戸が凍ったり、夜にはオオカミが出たり。

神田清さんの赴任先は、きびしい開拓地ではありませんでした。

中央観象台は、満州国の首都である新京の郊外に立っていて、台員たちの官舎もまた新京にあったのです。

新京はもともと長春という町だったのを、まずは無電柱化し、つまり電信柱は地中にうめて、そして電話線をひき、スチーム暖房や水洗トイレもととのえた、ものすごく近代的な都市でした。

首都・新京

新京の駅前にはバロック式のどっしりとした駅ビルや、鉄道会社が経営するホテルなどが立ち並び、大きなロータリーがありました。

新京ヤマトホテル

新京　三中井百貨店

そのロータリーから南へと延びるメインストリートは道幅が54メートルもあり、その先の町の中心部につくられた広場は、直径が約３００メートル、外周が約１キロもある巨大さでした。

イギリスはインドへ、フランスはインドシナへ、オランダはインドネシアへとお金をかけて、それぞれが植民地整備をしていましたが、日本もまた、朝鮮半島や満州に投資をしました。

現代では信じられないことだけど、当時は国家が軍事力と金融資本をにぎって、植民地をつくりながら自国を発展させる、帝国主義が、産業革命を経た西欧の国々によっていっとき展開され、日本も遅ればせながら、その時流に追いつこうとしていました。

南満州鉄道（満鉄）

神田清さんは20代のときに変光星の研究に力をそそぎ、「変光星ノ整理ト研究」という一つの草稿にまとめました。

それは仲間のあいだでは評判で、本人としてはその草稿を、さらに深める作業をしたかったはずです。

ですが1934（昭和9）年、清さんは新京にあった新たな仕事場へと、南満州鉄道の列車に乗りました。

新京駅　ホーム

満州という大陸は広大だ。空も広い。空気は内地よりずっと乾いている。変光星観測者にはもってこいの土地だろう。

と清さんは、どこへ移ろうが個人の観測だけはつづける気持ちで、新京に降り立ちました。

清さんが列車に乗ったその1934年は、あじあ号という超特急が運行を始めた年です。清さんも乗ったかもしれない。

　あじあ号は、日本国家の威信をかけたような列車でした。

　世界最大にせまろうとする、直径が2メートルもある動輪。最高時速はアジア大陸では最速の130km／h。

　そんな蒸気機関車がけん引する、豪華客室と、食堂車や展望車、すべてにエアコンが完備され、空気調整も密閉式ですべてに完備。

　この密閉式の空調は、実は軍から要望があったからで、細菌や毒ガス兵器の攻撃から車内を守るためでした。

　そのころの日本は、経済的には世界恐慌

あじあ号

（1929年〜）の影響がつづいていて不景気でした。

そのため政府は失業した者や田畑をもてない農民などを、開拓移民として大陸へ送り込んでいたのですが、そしてそれは満蒙開拓団という計画的な国策でしたが、しかし世の中がかなりの不景気だったにもかかわらず、国家としての日本は、自信を大いに深めていました。

なぜなら日清戦争では中国（清国）に勝ち、日露戦争ではロシアに勝ち、第一次世界大戦にも参戦して勝った側に加わることができ、世界の中でじょじょに存在感を高めていたからです。

領土が広がったり、あじあ号が走ったりすることで、多くの庶民のなかにも自信が生まれていました。

南満州鉄道の本線は、遼東《りょうとう》半島の先にある大連から、満州国の新京までを、大豆やコーリャンの畑をつっ切って通っていました。

満鉄の路線図　本線と　支線

この南満州鉄道という会社は、日露戦争に勝った日本が、負けたロシアに代わって、鉄道を中国に敷く権利を得てつくった会社です。

日露戦争の勝利によって日本はさらに、その鉄道を守るための軍隊を、駐屯させる権利も得ました。

それで中国の関東州という地に日本は兵を置いたのですが、のちにその兵たちは関東軍という、強力な軍隊になっていきます。

そうして関東軍は、日本政府や軍中央の命令もなしに満州事変を起こし、満州国をつくりはじめます。

中央観象台

日本政府は、当時の犬養《いぬかい》首相が青年将校のテロ（五・一五事件　1932〈昭和7〉年）で暗殺されたこともあってか、遅ればせながらその関東軍の行いを、軍中央ともども受け入れ、認めることにし、満州国は建国されることになりました。

中央観象台にて

首都の新京につくられた、中央観象台。

清さんの任務の一つは、満州国の暦をととのえることでした。

暦を、世の中にゆき渡らせることは、

時間は国家によって管理されていると、人々に分からせることでしたが、満州国では別な役割も、暦にはありました。多民族をまとめるという役割が。

満州の地にはもともと満州族、漢族、モンゴル（蒙古）族、朝鮮族が住んでいました。ほかにも白系ロシア人やウイグル人も少しはいましたが。

満州国をうまく運営するには、多数をしめる4つの民族と、日本人を、まとめなければなりません。そのため4つと1つの民族をうちとけさせるための、「五族協和」というスローガンが生み出されました。

清さんの中央観象台では、その「五族協和」にそった暦づくりが目指されたのです。

中国の清朝時代に使われていた暦は、時憲書《じけんしょ》というものでした。

以前から地元になじんでいた時憲書をベースに、満州国の時憲書、という暦をつくることになりました。

その作業は清さんが赴任する前からはじまっていて、関東軍と満州国政府と、そして東京の中央気象台からも、技師であった関口鯉吉氏が加わって行われました。

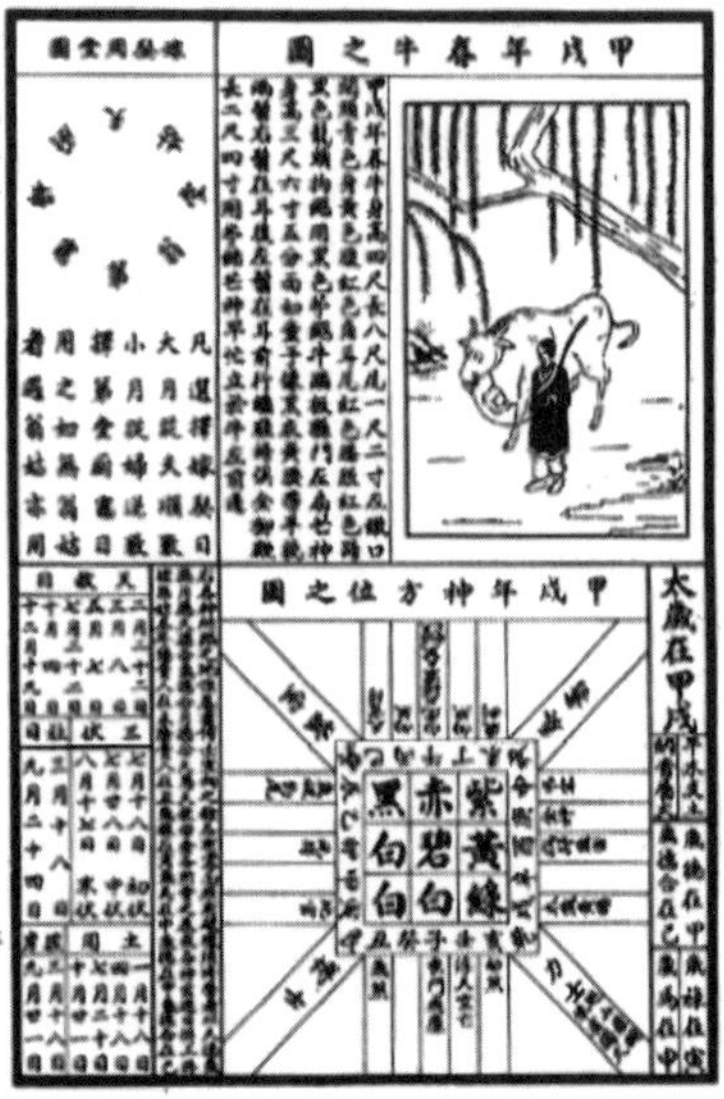

丸田孝志氏の論説「満州国『時憲書』と通書—伝統・民俗・象徴の再編と変容」広島大学『現代中国研究』（第33号）より

関口鯉吉氏——その後、神田茂さんの上司の東京天文台長となった関口氏は、かつては中央気象台の技師だったようです。

満州国の時憲書は、次のようにしてつくられました。

清朝時代の時憲書から、まずは古い迷信の部分を取りのぞき、庶民に人気のあった吉凶占いはあえて残し、そこへ、種まきや刈り入れなどにつながる科学的な見方を、順に加えていき、そして、5つの民族にとどくようにと細部がととのえられました。

そうして一年ごとに、発行部数を伸ばしていきました。

国際連盟からの脱退

ところが、時をおかずに満州国の時憲書は変わっていったのです。日本の記念日や祭祀《さいし》が次々と時憲書に組み込まれ、多民族をまとめる五族協和は、かえりみられなくなりました。満州でも皇民化政策が始まったから。

皇民化政策とは、明治の初期に日本へ合併した北海道や沖縄ではすでに始まっていた政策で、現地のアイヌの人たちや琉球人に日本語を教えて、現地語を話すと罰を与えるくらいにきびしく指導し、それから天皇をうやまう日本人の心を、学校教育を中心に教えていくという、新たな領土に、日本人を新たにつくっていく政策でした。

その後に植民地とした台湾や朝鮮でも、皇民化政策は行われました。

しかし満州のことは、日本は国際社会にむけて次のように説明していたのです。

満州国は日本の領土ではない、だからこそ満州国トップに、清朝最後の皇帝である溥儀《ふぎ》がつくという、現地の人民が望んだ国になっている。そして「五族協和」という多様性によって、「王道楽土」という、理想の国家をめざして建国されたのだ。

愛新覚羅溥儀

そのようにアピールしていた満州国で、いったいなぜ皇民化政策がはじまったのか。

それは日本が、国際社会に背をむけて孤立の道をえらんだからでした。

まず国際連盟が、満州国を調査しました。中国から訴えがあったからです。そして調査した国際連盟は、日本に次のように勧告しました。

「日本の立場も一部分は認めるが、しかし満州事変は、日本が言うような、自衛のためにやむなくとった軍事行動ではなかった。

また満州国は、満州人がつくろうとしたものでもなかった。

よって満州は、中国の主権のもとに置き、日本は軍隊を今ある占領地から、撤退するよう勧告する」


これに日本は大反発をし、即座に国際連盟を脱退しました。

「日本は世界に冠《かん》たる国である、もはや世界を相手にしない、栄光ある孤立を選ぶのだ」と言って。


もしかして日本は、満州を自国の傀儡《かいらい》国家にしてしまっても、欧米諸国を納得させられると考えたのでしょうか。韓国を併合した時のように。

韓国併合の時には、アメリカのフィリピンやイギリスのインドと同じく、日本には韓国をと、植民地を持つことを互いに認め合い口をはさみ合わない、という大国同士のおもわくで処理できました。

けれども時を経て世界は変わっていました。以前の日本なら、朝鮮や中国で独立を求める闘争が起きても力ずくで押さえ込めていましたが、第一次世界大戦のあとには、民族自決の考えがだんだん世界に広まって、満州を、傀儡国家に仕立てる日本の振るまいは、もはや古い、すたれた帝国主義だと見られるようになっていました。

そしてまた、パリ不戦条約に日本も署名したのに、それは軍事力で侵略はしない、という約束だったのに、日本は満州で条約違反をしたと受け止められました。

国際連盟を脱退した当時の日本のことを、多くの歴史家が次のように分析しています。日露戦争と第一次世界大戦に勝利した日本は、ある意味うぬぼれてしまい、国際情勢に対しては甘さが生まれていたのだろう。

栄光ある孤立の道をえらんだ日本は、外地と呼んだ植民地すべてで、皇民化をすすめました。

１９３７（昭和12）年、満州国でも、日本の標準時を採用。

１９４０（昭和15）年、紀元二千六百年記念行事という、神武天皇の即位を日本全土で祝ったその年には、満州国にも、日本の神社を建立。皇室の氏神である天照大神をまつった。

満州国の時憲書は、とうぜん日本の暦と一体化しました。

清さんの決意

清さんは中央観象台員の仕事につきなが

天照大神を祀った神社・建国神廟
『毎日ムックシリーズ　20世紀の記憶 大日本帝国の戦争 2』毎日新聞社より

ら、日本国内の流れはずっと気になっていました。

1936（昭和11）年の二・二六事件以降は、日本社会にテロへの恐怖が広がっていましたし、広田内閣では、現役軍人でないと陸海軍の大臣にはなれないという、軍が、内閣をつぶしてしまえる制度がつくられました。つづいて大本営が設置され、大日本帝国という国号が正式に決められ、皇国史観が強調されていきました。

皇国史観とは、日本には万世一系の天皇が統治してきた歴史があり、今後もその国のかたち＝国体は、つづくのだという歴史観です。であるから日本国民は、天皇の臣民として努めよと導かれ、強いられることが、満州にいる清さんにもひしひしと感じられました。

満蒙開拓青少年義勇軍の訓練生だった竹児もまた、皇国精神で開拓をやりとげよ、ときびしく指導されました。

郵便はがき

料金受取人払郵便

新宿局承認

2524

差出有効期間
2025年3月
31日まで
(切手不要)

1608791

141

東京都新宿区新宿1－10－1

(株)文芸社

愛読者カード係 行

ふりがな お名前		明治 大正 昭和 平成 年生 歳
ふりがな ご住所	□□□-□□□□	性別 男・女
お電話 番 号	(書籍ご注文の際に必要です)	ご職業
E-mail		
ご購読雑誌(複数可)		ご購読新聞 新聞

最近読んでおもしろかった本や今後、とりあげてほしいテーマをお教えください。

ご自分の研究成果や経験、お考え等を出版してみたいというお気持ちはありますか。

ある　ない　内容・テーマ(　　　　)

現在完成した作品をお持ちですか。

ある　ない　ジャンル・原稿量(　　　　)

書　名			
お買上 書　店	都道 府県　　　市区 郡	書店名	書店
		ご購入日	年　月　日

本書をどこでお知りになりましたか?

1.書店店頭　2.知人にすすめられて　3.インターネット(サイト名　　　)

4.DMハガキ　5.広告、記事を見て(新聞、雑誌名　　　)

上の質問に関連して、ご購入の決め手となったのは?

1.タイトル　2.著者　3.内容　4.カバーデザイン　5.帯

その他ご自由にお書きください。

(　　　)

本書についてのご意見、ご感想をお聞かせください。

①内容について

②カバー、タイトル、帯について

弊社Webサイトからもご意見、ご感想をお寄せいただけます。

ご協力ありがとうございました。

※お寄せいただいたご意見、ご感想は新聞広告等で匿名にて使わせていただくことがあります。

※お客様の個人情報は、小社からの連絡のみに使用します。社外に提供することは一切ありません。

■書籍のご注文は、お近くの書店または、ブックサービス(0120-29-9625)、セブンネットショッピング(http://7net.omni7.jp/)にお申し込み下さい。

しかしそのきびしさの正体は、毎日まいにち娯楽も息ぬきも一切ない統制された生活だが、文句は言うな、従順であれ、と強いられることであり、もしも中国人が「侵略者の日本人は出ていけッ」と襲撃して来ようが恐れるな、と諭《さと》されることであり、日々の食事は十分に支給してやれないが、そこは甘んぜよ、と次々理不尽を押し付けられることでした。

育ち盛りの青少年にとって一番こたえたのが、食事量の少なさでした。朝から晩まで空腹で、木の実やキノコやカエルやヘビを食糧にしたくてもしょっちゅう見つけられるものでもなく、逃げ出す仲間も時にはいましたが、しかしほとんどの仲間は理不尽をがまんしました。日本を出発する時に学校や村から盛大

満蒙開拓青少年義勇軍の訓練所
『写真集 満蒙開拓青少年義勇軍』（家の光協会）より

に送り出されたことを思い出し、逃げては顔向けができないと考えたからです。

満蒙開拓青少年義勇軍は、実はもともと学校では素直でまじめな生徒たちが、だからあつかいやすい生徒たちが、あえて集められた国策なのでした。

開拓移民として渡った大人たちも現地では苦労の連続でしたが、義勇軍の青少年のほうがよりキツい土地に振り分けられました。ソ連との国境近くの最前線や、それから中国人の土地を日本がうばうように得たために、恨みを買っているはずの土地へ。

朝鮮の人たちと対立することもありました。関東軍が朝鮮半島から強制的に、多くの開拓民を送り出していたために。

1939（昭和14）年、満州の西部、ハルハ河畔の地、ノモンハンにて関東軍とソ連軍の衝突、ノモンハン事件が起きました。そしてヨーロッパでも、ドイツがポーランドへ侵攻。

清さんは、今こそ原点に立ち返るべきだ、と考えるようになりました。変光星観測家としての、自分の原点に。

もちろん変光星の観測はそれまでも時間を見つけてやっていましたが、原点とはそのことではなく、書き上げることでした。

清さん自身が20代でまとめた変光星観測に関する草稿「変光星ノ整理ト研究」を、さらにくわしく書くのです。そうして論考を完成させる。

かつてその草稿は仲間のあいだでは読まれ転写もされて評価されたけれど、もっと多くの観測者に活用してもらったら、天文学の発展にきっとつながる、という考えもわきました。

変光星の明るさの増減など、敵と交戦する今の日本にとって何の役にも立ちはしないが、しかし天体は、われら人類の、生命のルーツであり、研究は深められるべきなのだ。と清さんは決意をかためました。

そして書き上げた暁には、原稿は兄の神田茂さんのもとに送ろうと決めました。新京ではなく内地にて書籍化するのです。

そこまで腹を決めると、清さんは観象台勤務の合間もつかって原稿を書きついでいきました。

言論の不自由

日本は明治の初めから、1週間は7日という西欧のグレゴリオ暦をつかっていました。ですが今こそ、わが国の伝統にのっとった「大東亜暦」を導入すべきだ、という声が大きくなりました。

なぜなら、日露戦争に勝って得たさまざまな日本の条件を、認めようとしない中国は、道理にそむく横暴なやからであり、そんな中国を援助するイギリス・アメリカはまさに日本の宿敵、ゆえに英米思想である1週間は7日なる時間軸なんぞ、即刻廃止だ、という考えが後押ししたからです。

「大東亜暦」を作成するための準備として、まずは国内外の暦をいくつか調査して、『暦法調査資料』にまとめる作業が、大政翼賛会《たいせいよくさんかい》のもとですすめられました。

1940（昭和15）年に発足した大政翼賛会は、日本の統治機構を大きなピラミッドのかたちに組み直して、上からの命令が、国のすみずみまで行き渡るようにした、異論をはさめない組織でした。

トップは総理大臣で、道府県知事は翼賛会の支部長につき、政党はすべて解散して議員は翼賛会に吸収され、大ピラミッドの下方には、各地方の町内会や婦人会や、隣組までが組み込まれていました。

そんな大政翼賛会からの指示で、『暦法調査資料』の第8集を、新京の中央観象台が受け持つことになりました。時憲書について考察するのです。

天文科長になっていた清さんが、主になって担当しました。例の自分の変光星に関する原稿を、書き上げるためにも急いで職務に取りかかりました。時代の空気はもちろん意識して。

そのため、満州国での暦の制定については、

「元来一国の基準暦なるものは、天に二つの日輪なく国に二つの君なきごとく、唯一たるべきものである」といった文体で、「満州国時憲書の制定と其普及」という論をまとめて

いきました。

1週間は7日、これを廃して本当にいいのか？　と当時はおおやけには誰も言いませんでした。言論の自由はなかった。

『蟹工船』の作者・小林多喜二が、特高の拷問によって殺された以降は、思想弾圧がぐっと強まっていました。

ところが、不思議なことに満州の首都・新京には、多民族の学生が学ぶおどろくほど国際的な大学が一校つくられていました。

言論の自由がそこには嘘《うそ》いつわりなくあって、学生らが日夜議論をし合う、五族協和の理念を形にしたような大学が。

それも関東軍の一人の中佐の案によって、つくられたのだと。

大学と石原と関東軍

建国大学は、新京の郊外に現在の東京ドーム約40個分という広い敷地につくられた——訓練飛行の滑走路などもあって広かった——全寮制の、授業料はすべて官費でまかなわれる大学でした。

日本人のほかに満人、漢人、朝鮮人、モンゴル人や、白系ロシア人に台湾人など、さまざまなルーツの学生が集《つど》っていました。

建国大学をつくる案は、石原莞爾《いしわらかんじ》から出たものです。

石原莞爾は関東軍の作戦参謀で、満州事変（１９３１〈昭和６〉年）をおこした首謀者でした。

満州事変は、南満州鉄道の線路をわざと爆破した、つまり中国国民軍のしわざだと、仕組んではじめた軍事行動でした。

関東軍が勝手にそんな自作自演をやった理由は、たとえば軍中央への反発――明治維新から長州藩出身者をひいきにしてきた軍への反発や、それから政治を行う政党が、資本家や金持ちとは太くつながっているが、不況にあえぐ民衆を救ってはいない現実へのいらだちや、そもそも資本主義、そのものへの不信感もあり、だから今こそ直接的な改革が必要なのだ、という国家社会主義的な考えが、関東軍の上層部の石原たちにはありました。まずは満州において、そういった改革の、さきがけになろうとする考えもまた。

けれどもたとえ真剣な考えが当初にはあったにしても、やはり軍は軍でした。

敵と戦うための機関が軍なのだから、関東軍もいざとなれば民衆をおもんぱかるのではなく、敵を滅ぼして勝つことだけを目的に動きました。

さらに関東軍は、軍中央の官僚的で動きのにぶい判断ではなくて、つねに早い判断で行動しましたが、しかしそういう姿勢が、次々とつづいたことで手段が独善的となり、ファシズムへと突っ込んでいき、後世の教科書には、横暴な関東軍と記されることになりました。

とはいえ石原莞爾は、本気で国際的な大学を設立しようとしたようです。石原には独特の思想があったから。

日本は将来的にアメリカと世界最終戦争をやるはず、と石原は考え、もちろん現実はそうなっていくのですが、その最終戦争に、すぐれた人材が必要であるから、そのためにこそ建国大学をつくろうとしました。


ただし結局石原は、陸軍大臣だった東条英機らと対立し、左遷され、軍をやめさせられました。なぜかといえば一つには、中国をどのように考えるかがあって、石原は中国とは連携してアジアの力を高めねばならない、と当時の国家方針に反する主張をし、最終的に軍人をやめるまでになったのです。

そのため敗戦後に石原は、戦犯として東京裁判に掛けられることはありませんでした。

そんな石原莞爾が、左遷されていなくなった満州には、日本の神社が建てられて、学生が自由に語り合った建国大学でも、神道や、天皇崇拝に重きがおかれるようになりました。

兵士が足りない

竹児たち、まじめな義勇軍の訓練生たちも、毎日つづく空腹にがまんをし切れなくなりました。

訓練生には、自分の土地をいずれは持てるという夢があったのに、それは無理だと分かってきたからで、だったら空腹の憂さ晴らしでもしようと、指導者や仲間に暴力をふるうものがあらわれたのです。

地元民へも暴力をふるったり、中国人集落をおそって食べ物をうばう事件も起きました。中には殺人事件に至ることも。

当時の日本には、中国や朝鮮の人を見下す考えがかなり普通にあって、たとえば人力車に乗るのは日本人、ひくのは地元民、それが当たり前、とうそぶく大人たちを見て育ってきた訓練生たちには、地元民への憂さ晴らしに罪悪感はほとんど生まれなかったようです。

それからまた、自分たち日本人には強い関東軍がついている、という安心感もあってできた憂さ晴らしでした。

訓練生たちは、関東軍の雑務にしばしば駆り出されるようになりました。

じきに終わる計画だった日中戦争は、泥沼に足をとられたように長引いて、兵を投入しつづけねばならず、あちこちで人手不足が起きてきて、竹児たちがその穴埋めにあてられたのです。

日本国内でも男子が次々に出征して人手不足になり、そのため植民地から国民徴用令で多くの労働者が、

1941 年 12 月 7 日（日本時間では 8 日）真珠湾攻撃

内地の炭鉱や軍需工場などへと送り込まれました。

１９４１（昭和16）年12月。日本はマレー作戦（マレー半島の英領コタバルへ日本軍が奇襲上陸）と、真珠湾攻撃で口火を切り、イギリスとアメリカに宣戦布告。太平洋戦争開戦。

兵士がやはり足りません。

朝鮮では創氏改名という、日本式の名前に変えさせる強い皇民化政策がとられていましたが、徴兵制もしいて、日本人兵として召集することになりました。台湾でもまた。

１９４５（昭和20）年

清さんは、観象台員の任務であった「満州国時憲書の制定と其普及」をまとめ終えると、しゃにむに自分の原稿を書きました。

かなりの部分を仕上げると、それだけをまず、内地の茂さんのもとに発送しました。１

945（昭和20）年の春のことです。残りの部分もわき目もふらずに書きました。

関東軍兵士のほとんどが南方作戦へと投入されたのは、日本軍がビルマ・インド国境地帯でインパール作戦を強行して負けて、神風特別攻撃隊を出撃させた1944（昭和19）年のことでした。

そして1945年には満州国を守るために、ただの農民移民だった20歳から45歳の一般男子、約10万人が、補充兵として召集されることになりました。根こそぎ動員というものでした。


建国大学の学生たちも非常召集されました。

もちろん満蒙開拓青少年義勇軍の竹児たちもです。爆弾をからだに巻いて突撃の練習をした記録が残っています。竹児もソ連軍の戦車の下へ、走って行かされたのかもしれない。

1945（昭和20）年8月8日。ソ連が日ソ中立条約を破り、日本へ宣戦しました。

8月9日、満州にまだ残っていた関東軍兵士は、ソ連軍が攻め入ってくる前に退避をし始め、その家族たちもこぞって列車やトラックで逃げました。

おくれて一般の入植者たちも、大陸を南下していきました。

ソ連軍や中国軍や、それから日本に恨みをもつ現地の人たちから逃げまどうようにしながら、入植者たちは何ヵ月もかけて、本土へと引き揚げていくことになりました。1年以上かかった人たちも。


清さんたち中央観象台の台員とその家族も、かたまって南下しました。

ただ清さんは、その途上で体調をくずし、微熱がおさまらず、しだいに悪化しながらの引き揚げになりました。

雑嚢《ざつのう》というリュックふうの鞄の底に、兄へ発送した原稿の、そのつづきの部分をしまっていました。それから、子ども時分から観測してきた変光星約2万個分の記録も、それは自分を形づくる一部みたいなものでしたが、鞄にしまっていました。

清さんは、力の入らないからだを引きずりながらも、原稿を書物にするために、今は歩こう、なんとしても、と意志を強く持ちつづけました。

第十二章　清さんの変光星

兄弟ともに天文家

神田清さんが、変光星観測を始めたのは12歳、小学5年生の夏でした。20歳だった兄の茂さんから、星の明るさを数字にあらわす比例法を教わって、観測のおもしろさを知ったのです。

18歳の夏には、兄と流星観測をするさなか、はくちょう座に特にかがやく星を見つけます。それは爆発を

天文月報

大陸の引き揚げ者たち
『GHQ の見たニッポン』（世界文化社）より

起こした新星でした。
はくちょう座には大むかしに新星が2度現れていたので、兄弟はその夜、はくちょう座第3新星を発見した、と専門誌「天文月報」にも載りました。

清さんにとって兄の茂さんは、子どもの頃から変わらない最高の天文家でした。

兄へのその思いは、成人して中央観象台員になってからも変わらず、だから太平洋戦争による空襲が激しくつづく日本本土だったけれども、その茂さんのもとへと、清さんは満州より託《たく》すようにして原稿を送りました。出版をめざして書いた変光星観測の原稿を。

ところがその直後に、ソ連軍が満州へ侵攻し、いやおうなしの引き揚げが始まり、そして日本は無条件降伏に。

といった大きな苦難が、およそ1年間、清さんだけでなく大陸にいた日本人すべてにのしかかりました。

引き揚げの記録

新京にあった中央観象台の台員とその家族約40名は、観象台疎開団、と名乗って日本に向かいました。

その記録は残されていません。でも、小説という形で、その引き揚げは記されていました。

藤原てい氏による『流れる星は生きている』（1949年）です。

藤原てい氏の夫君も中央観象台の台員で、いのちからがら引き揚げた後に、妻に触発されて新田次郎というペンネームで作家になりました。

その『流れる星は生きている』を読んでいくと、これは清さんでは？　と思える人物が登場してきます。

その人物へいく前に、まず小説のあらましを――

「引き揚げが始まったそうそうに、観象台員の男たちを、中国軍が連れ去っていきました。収容所で働かすために。

連れ去られた台員は疎開団の人々の夫や父親でしたから、残された家族はおびえて悲しみましたが、乗れる列車があるかぎりは乗りついで、朝鮮半島を南下しました。

足止めを食らった町では廃家をさがし、みんなで自炊をしながら列車を待ちました。ただし、地元住民に飯ごうや日用品を盗まれたり、石を投げ込まれたりと恐怖はつねにあり、そしてまた疎開団同士でも、ものを盗った盗られた、などの疑り合いが広がっていき、幼児や年寄りをつれた家族は足手まといという悪感情まで生まれてギスギスしていきました。

夫や父親はまれに解放されてきました。しかしそれは発疹チフスなど、病で使いものにならなくなったからで、その土地の共同墓地に葬らせてもらうしかありませんでした。

そんな観象台疎開団の中で、実はたった一人、中国軍に連れていかれなかった台員がいました。

すでに体調をくずしていて、使役にたえられそうになくて残されたのでしょうが、その台員は、団の唯一の男だったことで、名目上の団長にえらばれていました」

その団長の名字は、小説ということもあって神田ではないけれど、読みすすむほど、清さんが重なってくるのです。

時を知る

「観象台疎開団が、ある廃家に長くとどまることになり、みんなは時刻を知りたくなりました。

時計はありませんでした。いえ、懐中時計をもっている家族は複数いたはずです。けれどもその頃は、金目のものはどの家族もかくしていて、それは、さきざき疎開団はきっとバラバラになると予感されていたからで、そうなれば個別に金銭が必要になって、たとえば道案内人をやとうとか牛車を手に入れる支払い用に、懐中時計はだから今はとり置かねば、と家族はそれぞれに思ってかくしていたのです。

石鹸《せっけん》をけずって穴をあけて時計をそこに入れ込んだら、けずった石鹸の粉でふさぐ、というかくし方をしていました。

時計はないという疎開団のみんなに、病気がちな名目上の団長が提案しました。では、時計をつくってしまおうかと。

季節は冬。

朝鮮北部の地面は凍てついていましたが、廃家のわきには、さいわい日当たりのよい場所がありました。

団長は近くから木の枝や棒切れを拾ってきて、そして日当たりのよいその地面に、手元にあった一本の縄を半径として、円を一つ描き、その中心に背の高い棒を一本立てました。

そして夜、北極星を観測して方位を知ると、団長は翌朝、木の枝や棒を方位の印として、円周上の地面に突っ込んでいきました。その作業には、木切れでつくった三角定規を使いました。それからバケツで汲んだ水を方位をしめす枝や棒にかけて、一晩おきました。すると枝や棒が凍って地面としっかりつながった、一つの日時計ができあがっていました。

団のみんなは喜びました。

ですが団長にはまだ気がかりがありました。円の中心に立てた棒が、少し曲がっていたのです。そのため、

『これじゃ時刻に10分ほど誤差が出るでしょう。だれか真っすぐな棒をさがしてくれないかな』と頼みました。

みんなは10分くらいなら平気、と取り合いませんでした。

団長一人だけは、その後その廃家を去っていく日まで、ずっと気にかけるふうでした」

この団長は、小説の中では体調をじょじょに悪化させ、疎開団の歩みからも後《おく》れていき、その後の行方については書かれていません。

どうなったのか、確認したくても作者は他界されていて出来ません。

でも、この病気がちな団長は、引き揚げのさなか結核にかかった清さんに重なります。木の枝や棒切れしかなくても、正確な日時計づくりにこだわった天文家ですし、清さんとしか、思えない。

青焼き本

兄の神田茂さんは、１９４３（昭和18）年に東京天文台をやめた後、神奈川の湯河原町へ引っ越しました。そのため大空襲による戦災をまぬがれて、戦後はすぐに、日本天文研究会を立ち上げることができました。

学生だった村山定男さんや小山ひさ子さんなど、戦火を生きのびた若き天文家たちを会員とし、積極的に活動しはじめました。

とはいえ今一つ、茂さんの気は晴れなかった。弟の行方を知るすべがなかったからです。

茂さんの手元には、敗戦直前に満州から届いた清さんの原稿がありました。ただし肝心な部分はいまだ届いていない未完の原稿でした。

茂さんはそれでも、弟が全身全霊で書いた内容であると理解していたし、その弟は今まさに大陸で、いのちの危機にあるのかもしれない現実を思うと、ここは本人に成り代わって、原稿を本の形にせねばと考えました。

焼け跡となった町で、もしも運良く出版社を見つけられたとしても、未完の原稿をそこに持ち込めるはずがありません。

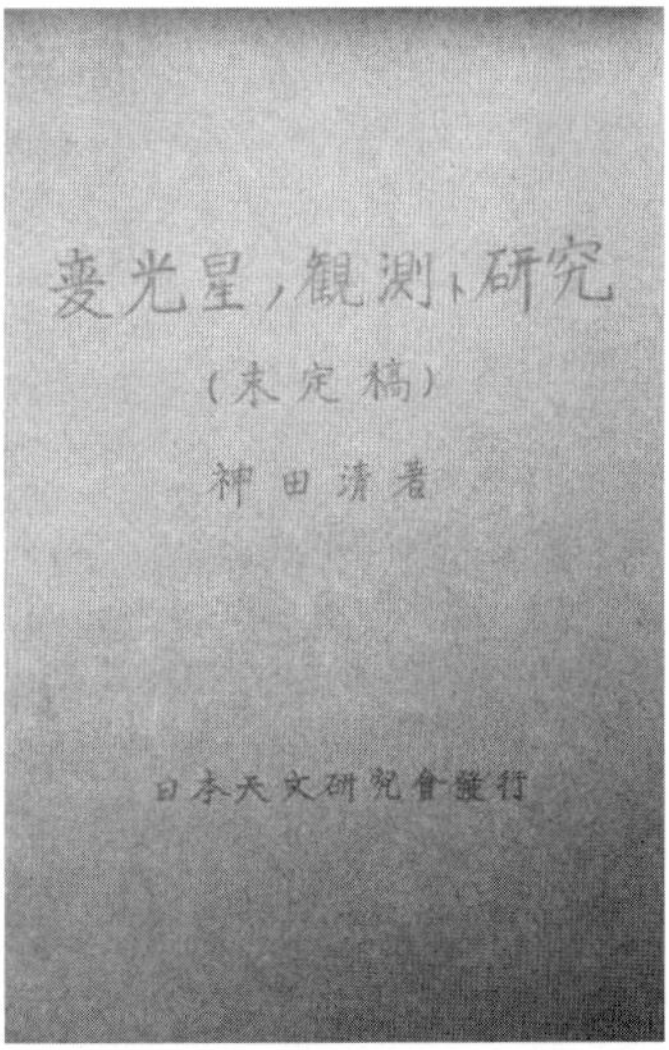

青焼き本
神田清著「変光星ノ観測ト研究」

茂さんは個人的なツテを使って――戦時中に軍の要請で天文の仕事をしたこともあったし――印刷用の紙を、知り合いや関係者からかき集められるだけ集めて、みずから本をつくることにしました。

でもやっぱり、紙は足りない。そこで茂さんは考えました。

清さんの原稿のうち、変光星観測

の歴史についてまとめた第1章、ここは、省いてもいいだろう。そして第2章は、本人から原稿が届いていないし、だから今回は、イレギュラーな形だが、第3章から始まるコンパクトな本をつくることにしよう。
清さんの原稿を清書する作業は、日本天文研究会会員の小山ひさ子さんと鍵山寛子さん、二人の協力を得てすすめました。

清さんが求めていたように、多くの天文家に向けては印刷ができませんでした。それでも変光星観測にまつわる清さんの論考を、兄の茂さんは、一つの青焼き本に仕立てることができました。

うたかたの国

清さんはその後、日本にどうにかこうにか帰り着きました。よくぞ帰れたと思います。帰国後、たちまち入院したようですが。

引き揚げの記録をいろいろ読んでみると、それはそれは過酷だったことが分かります。最後のほうは靴をなくし爪がはがれた足で歩いたり、栄養失調でいのちを落としたり、悲観して鉄道にとび込む人や、現地には、置き去りにされた残留孤児もいて、ソ連兵から性被害にあった女性や、集団自決の集落は多く……と、国策でうつり住んだ満州だったのに、ふいに追い立てられる難民のようにして、人々は引き揚げの惨劇を生きました。

満州国は１９３２（昭和７）年から約13年間存在しただけの、うたかたの、コジれた国でした。

国際連盟から、満州は中国の主権下にあるゆえ日本は兵を退くようにと勧告され、反発した日本は連盟を脱退し、孤立を深めていった、その元凶となった満州国。

でも日本人は、そんな傀儡《かいらい》国家を受け入れていました。いったい日本の人々は、庶民は、本当のところ満州国をどう見ていたんでしょう……。

ロシア、そして後にはソビエト連邦が、南下してくるのをせき止める防波堤として、満州は必要だった、という安全保障上の理由がまずあって、経済的には、満州のゆたかな天然資源が、工業化をすすめたい日本に欠かせなかった、そしてまた、アメリカに日本人移民の受け入れを制限されたため、内地でふえる失業者の送り先として満州は必要だった、などの理由があったのですが、つまりは次の一言であらわされたようです。満州は、日本の生命線だった。

しばしば満州のことは日露戦争につなげて語られ、新聞に書かれて、人々の気持ちを揺《ゆ》さぶることがありました。

「日露戦争における20億円という国費と、10万の同胞の血をあがなって手に入れた満州だ。まさしく日本の権益、日本の生命線である」

日本政府はそんな権益を、中国があれこれ侵害してくると腹を立て、軍中央は、ここは一度叩いてこらしめて、中国に分からせてやらねばと考えるようになりました。

戦争になるのか？　ダメだ、やめろ！　という反戦の声は、しかし上がりませんでした。反戦を主張する人たちはみんなすでに、治安維持法違反で投獄されていたからです。

それに当時の庶民にとっての一番の気がかりは、大陸での戦争よりも長びく不況であり、日々の暮らしをどうしのぐかが何より問題だったのです。

失業者は減らず、農家は冷害で大凶作。ところがそういった社会問題に政治家はまともに向き合わず、資産家や金持ちとつるんで明け暮れしている。もはや反感しかわかない。庶民は、もう荒っぽいやり方でいいから世の中をなんとかしてくれ、と救いを求める気持ちになっていました。

マスメディア総くずれ

１９３１年、柳条湖の満鉄線路の爆破をきっかけに満州事変が大陸ではじまると、新聞は関東軍の活躍や、その頼もしさをさかんに記事にしました。そして満州には楽土がある、満州は守るべき地だ、とも書きました。

それらは軍をもちあげる内容でした。

つまり記事は、報道の冷静な批判精神を欠いたまま書かれていた。

……いったい、なぜ？

実は満州事変の3年前、1928(昭和3)年にも、関東軍はでっち上げの暗殺事件を起こしていました。

張作霖《ちょうさくりん》という重要人物を——軍事力をもって中国の一地域を支配していた重要人物でしたが、役に立たないと分かった時点で、関東軍は中国側がやった事件に仕立てて、爆殺したのです。

当時のマスメディアは国の機関から検閲されていたため、特に大手の新聞は、その爆殺事件と軍部をからめて報じることはありませんでしたが、しかし欧米や中国が日本人および軍部の関わりを報じるのを、引用して記事にすることがありました。

そして帝国議会が開催されてからは、野党が内閣を倒すために張作霖の事件に的をしぼって、調査せよ、と激しく政府を追及する有様《ありさま》を、新聞が記事にしつづけたため、おのずと軍の関わりは想像され、世間には反発が広がっていきました。

そのように爆殺事件が世間的な反発を生んだために、軍部の考えが、変わりました。

陸軍参謀本部はそれまでのやり方を検証し、その結果、マスメディア対策をやって世論の流れをつくることが、もっとも重要だと考えるようになり、まずは情報戦の準備をすると決めたのです。

陸軍機密費という、使い道を公《おおやけ》にしなくても良い予算を使って、新聞社の幹部を料亭や高級レストランでもてなして、つまりマスメディアを軍部は抱きこんで、都合のよい記事を書くよう仕向けていきました。

関東軍もまた新聞を徹底的に利用して、満州国は地元の人々の求めから建国された、というストーリーをつくっていきました。

そしてまた軍部の思惑《おもわく》だけでなく、マスメディアの側にも、実はのっぴきならない事情があったのです。

張作霖爆殺事件現場　1928 年
『検証戦争責任Ⅱ』（読売新聞戦争責任検証委員会編）より

そのころはラジオという最先端メディアの登場で、「臨時ニュースをお伝えします」と情報が先取りされてしまうため、遅れて発行される新聞は売れなくなる、困った、と頭をかかえていた時期でした。

そのため軍部からじかにニュースを受けとり、号外のかたちで連発して発行すれば、新聞はラジオには負けない、勝てる、売れる、と考えた。だから新聞は軍部からの提案に乗りました。そうして、

暴戻なるシナ軍が、満鉄を爆破

朝鮮軍も満州へ出動

政府、勇断に欠ける

号外の文言は、事をあおって軍を後押しする書き方になっていきました。

庶民は、次はどうなる？　と関心をもって新聞を買うので、売り上げは伸びる一方でした。

「毎日新聞後援、関東軍主催、満州戦争」と言われもするほどでした。

朝日新聞は、軍への批判をしばらくはつづけたものの売り上げが落ち、方針を変えました。

まずは軍部に寄付をして頭を下げて、号外を発行しだしました。

関東軍の猛進撃
満州国独立

ほかの新聞社もおなじく軍の姿勢をもち上げて、新聞全体が、軍の宣伝機関のようなプロパガンダに明け暮れしました。真のマスメディアは存在しなかった。

満洲事變寫眞畫報
京城より空輸
石川平田兩寫眞課員撮影
號外
この號外は本紙に再錄しません
寫眞說明

東京日日新聞　昭和６年９月25日 号外
満州事変について

軍への庶民の期待は、実は、新聞記事とは別ルートでも高まっていました。

本来なら政治家が発言すべきことを、軍が発していたからです。

たとえばその頃の軍は、農民を救済する方法や、労働組合のことや、義務教育費や国民保険のことなど、暮らしにそったスローガンをかかげていました。

国民的な軍への応援と熱狂はふくらむ一方でした。

万歳、バンザイ万歳！

そのようにして、満州は日本の生命線なのだと、多くのふつうの日本人に受け入れられていきました。

戦争目的

大陸ではしかし、日中戦争がだらだらつづいて終わりが見えず、和平工作が行われたが上手くいかず、日本ではじょじょに重たい空気が広がりました。

そして戦線が中国大陸の奥へ奥へと引きこまれた頃には、戦争の意味や目的は変わっていました。

【一億火の玉　聖戦完遂】

庶民は当初、聖戦とは、中国の人々を蔣介石《しょうかいせき》の横暴から助けるための戦いと思っていましたが、もはや聖戦の意味は変わって、万世一系の天皇の軍隊が、つまり皇軍が、戦う戦争であるから聖戦なのだと思わされるようになりました。

聖戦ゆえに、いのちを投げ出してやり遂げねばならない。

そして軍部と政府は、大日本帝国によるその戦争の目的を発表しました。

【八紘一宇の皇道を四海に宣布する一過程として、日・満・支を一体とし、一大王道楽土を建設せんとす…】と。

一般の日本人には、それらのことばの意味がよく分かりませんでした。でもよく分からない、などとはもう言えないコジれた社会になっていました。

そもそも戦争は本当なら、トップの命令があって始まるのに、満州事変という戦争は軍のトップの命令がないまま始まっていました。

日本軍のトップ最高指揮官は、大元帥である天皇です。大元帥の命令なしに戦争を始めた者は、ふつうなら重罪人。死刑になることだってあり得ました。

それなのに満州事変では、関東軍におとがめが無かったどころか、関東軍の幕僚たちはみんなその後に出世した。誰もかれもがウヤムヤにして、一切責任を取らないまま戦争はつづきました。

後に、「満州事変から昭和が駄目になった」、と先達の一人である半藤一利氏は『昭和史1926―1945』で言っていましたし、緒方貞子氏は「満州事変よりあとに残されたものは、無責任の体制だった」と著書（『満州事変　政策の形成過程』2004年2月）に記しています。

国立世田谷病院にて

明治の時代、世田ヶ谷村という東京府のはずれに、陸軍の騎兵第一連隊が駐屯しました。するとその近くに、歩兵や砲兵の部隊も駐屯し、練兵場という兵士が訓練する施設や、陸軍病院、陸軍獣医学校、馬の病院などもつくられ、昭和に入って世田谷となったその一帯は、軍隊の町となりました。

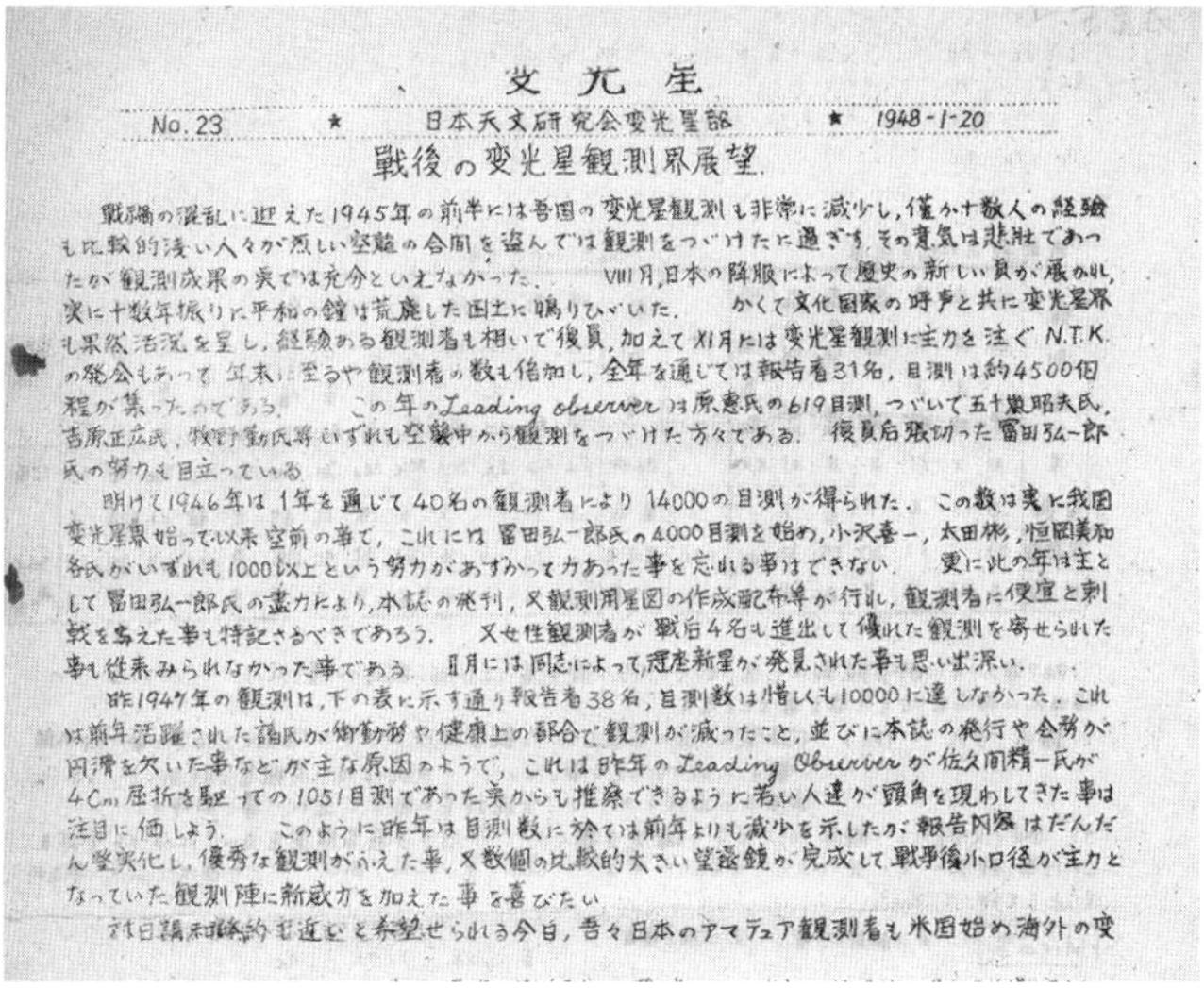

変光星

No.23 ★ 日本天文研究会変光星部 ★ 1948-1-20

戦後の変光星観測界展望.

戦禍の混乱に迎えた1945年の前半には吾国の変光星観測も非常に減少し，僅か十数人の経験も比較的浅い人々が烈しい空襲の合間を盗んでは観測をつゞけたに過ぎず，その意気は悲壮であったが観測成果の点では充分といえなかった．　VIII月，日本の降服によって歴史の新しい頁が展かれ，実に十数年振りに平和の鐘は荒廃した国土に鳴りひゞいた．　かくて文化国家の呼声と共に変光星界も果然活況を呈し，経験ある観測者も相いで復員，加えてXI月には変光星観測に主力を注ぐN.T.K.の発会もあって年末に至るや観測者の数も倍加し，全年を通じては報告者31名，目測は約4500個程が集ったのである．　この年のLeading observerは原恵氏の619目測，つゞいて五十嵐昭夫氏，吉原正広氏，牧野勤氏等いずれも空襲中から観測をつゞけた方々である．　復員后張切った冨田弘一郎氏の努力も目立っている．

明けて1946年は1年を通じて40名の観測者により14000の目測が得られた．　この数は実に我国変光星界始って以来空前の事で，これには冨田弘一郎氏の4000目測を始め，小沢喜一，太田彬，恒岡美和各氏がいずれも1000以上という努力があずかって力あった事を忘れる事はできない．　更に此の年は主として冨田弘一郎氏の尽力により，本誌の発刊，又観測用星図の作成配布等が行れ，観測者に便宜と刺戟を与えた事も特記さるべきであろう．　又女性観測者が戦后4名も進出して優れた観測を寄せられた事も従来みられなかった事である．　II月には同志によって蠍座新星が発見された事も思い出深い．

昨1947年の観測は，下の表に示す通り報告者38名，目測数は惜しくも10000に達しなかった．これは前年活躍された諸氏が御勤務や健康上の都合で観測が減ったこと，並びに本誌の発行や会務が円滑を欠いた事などが主な原因のようで，これは昨年のLeading Observerが佐久間精一氏が4cm屈折を駆っての1051目測であった点からも推察できるように若い人達が頭角を現わしてきた事は注目に価しよう．　このように昨年は目測数に於ては前年よりも減少を示したが報告内容はだんだん堅実化し，優秀な観測が殖えた事，又数個の比較的大さい望遠鏡が完成して戦争後小口径が主力となっていた観測陣に新威力を加えた事を喜びたい

対日講和條約も近いと希望せられる今日，吾々日本のアマチュア観測者も米国始め海外の変

寄稿文が載った変光星誌の表紙　1948（昭和23）年1月発行

1945（昭和20）年5月24日から、山の手大空襲。それは東京への米軍の総仕上げの大空襲で、霞が関および丸の内から山の手の広い一帯と、そして世田谷の軍の施設に焼夷弾が落とされました。

世田谷の小高い丘に立つ東京第二陸軍病院だけは、さいわい戦災をまぬがれて、焼け落ちた練兵場などを見下ろすかたちで残されました。

敗戦後、その丘に立つ東京第二陸軍病院は名前を変えました。一般の医療機関である、国立世田谷病院に。

神田清さんは、満州より引き揚げ

てきてからその国立世田谷病院の、西11号室に入院したのです。結核治療のために。

かなり弱っていましたが、清さんは病床から、日本天文研究会が発行した変光星誌に、「変光星観測の思い出」を寄稿しています。

小学5年生から始めて満州時代にもつづけた、変光星観測の2万個にもおよぶ記録が、清さんにはあったのですが――

「しかしこれらの観測記録は、満州からの引き揚げに際して、現地に置いてこなければならなかった。したがって私の観測した結果は、天文月報などに発表したものの他は、全く失われてしまったわけである」

と寄稿文に、悔しんで書いています。

引き揚げ者はおしなべて、文書類や手紙や日記や紙に書いたものは何でもすべて、引き揚げ船に乗る前に、取り上げられていました。でないと乗船できなかった。

国家の公文書は敗戦が決まるやいなや、証拠隠滅のために各地で燃やされましたが、民間人の文書類も、もしかして同じ目的で没収されたのでしょうか。

2万個の観測記録をそのときに失った経験から、清さんは後輩たちに、バックアップがどれだけ重要かを説いています。

そしてそれから、病身についても清さんは記している。

「私は引き揚げの途中重病にかかり、目下入院加療中ではあるが、いついえるとも分からない状態にある。

夜眠れないままに窓越しに星を眺めている時など、青春時代のかなりの時をさいてつくり、満州に残してきたあの観測記録のことを思い出し、何かしら感傷的になることもある」――

病室から、清さんは星を眺めるだけでした。体力がなくて、観測はしませんでした。

本に残す

引き揚げ者が乗船前に文書類を取り上げられた話は事実ですが、でも中には、例外があったんだそうです。

その例外を、実は清さん自身が、こっそりやりとげていたそうで……

日本天文研究会の現メンバーから、そのエピソードをうかがいました。

「本にするための原稿は、清さんは鞄の底を二重底にして、まるで麻薬の運び屋のようにして、持ち帰ったんですよ」と。

乗船前に清さんは、係員の目をぬすんで隠したのです。兄の茂さんになんとしても届けねばならなかった、「変光星ノ整理ト研究」の残りの原稿を。鞄の底板の下に、隠して持ち帰った。

現地でとっさにやった工夫がうまく運んで本当に良かったです。ただ、でも、2万個の変光星観測記録のほうは、隠せず、没収された。

兄の茂さんは、弟のそんな決死の行為を引き受けて、今度こそ青焼き本ではない、正規の書籍をつくろうと動きました。

町はどこもかしこも、西11号の病室から見える景色のようでした。焼け跡が連なって、誰もがやせこけて、浮浪児と呼ばれた路上生活を余儀なくされた子どもたちや、傷痍軍人も入り交じり。

そして紙は、貴重品そのもの。事はとんとん拍子に運びません。

それでも人々は、表現することに飢えていたのでしょう、戦争中きびしく禁じられた、自由に表現するということに。だか

後列中央が神田清さん。昭和初年、20歳代。自身の論「変光星ノ整理ト研究」をまとめ上げた頃。
『日本アマチュア天文史』より

ら戦前にあった出版社が、関係者のエネルギーを結集して復活したり、新しい出版社が立ち上がったりと、活気は生まれつつありました。

茂さんはついに、(株)恒星社厚生閣という学術書をあつかう出版社に、原稿を持ち込むことができました。

あと一歩だ、と茂さんは急ぎました。

清さんには病室で、一連の原稿に目を通してもらい、印刷にまわす準備をととのえました。

タイトルは『変光星』とし、サブタイトルを「変光星観測の整理と研究」にしよう、と相談して決めることができました。


清さんはもうあとは病床にて、本の完成を待つだけになりました。

変光星観測者としての集大成となる書籍を、つくるために満州から帰国してきたのです。血を吐いても帰り着いたのです。もうちょっとだ、あと少し、がんばろう、と清さんは強い思いをいだいて待っていた。はずでした。

でもだめだった。待てなかった。からだが、待てなかったのです。

神田清著『変光星——変光星観測の整理と研究』

本の表紙をひとめ見ることもなく、神田清さんは亡くなりました。1948（昭和23）年8月7日。

『変光星——変光星観測の整理と研究』は、その後1500部発行されました。

清さんの集大成は1500部も発行されたけれど、その時代のアマチュア天文家たちには、なかなか行き渡らなかったようです。なぜなら戦後の生活が、より苦しくなったからです。ほしくても、買えなかった。

なんと不運な、なんと不幸な時代だったでしょう。

第十三章　村山さんはアマチュア？

ぼく、吉原ケイタは、途方に暮れてます。目標にしてたことが急にパアになって。腹が立ってる。ダメになったんです。

じいちゃんの天文資料のことですよ。

資料を、ぼくは天文会館で保存してもらおうと考えて、それを目標に、がんばって調べて「昭和天文クロニクル」をまとめてきました。もちろんねえちゃんがやったことの方がデカいけど。おじさんへの反発も忘れるくらいにやりました。

まず天文会館へは、日本天文研究会からお願いしてもらおうと思って、ぼくは連絡したんです。いつもお世話になってる方に。そしたら、その天文会館の正式名称は〈虎ノ門天文会館〉だと教えられ、そして、すごいショックなことを言われました。

その虎ノ門天文会館は今はもうない、ずいぶん前になくなったと。都市再開発があったからだと。

東京の虎ノ門あたりは都市再開発があって建物を全部こわすか移転させるかしたため、今じゃ50階以上の超高層ビルに建てかわっている。で、天文会館そのものは、保存していた資料をすべて、地方の博物館や天文台へゆずって片づけて、そこで終了、としたんだそうです。

ただただショック。東京の事やなんかをぼくは知らないわけで。

じいちゃんは近ごろ弱ってきてるみたいで、だから資料は天文会館で保存してもらえるよ、と報告してやりたかったが。

ねえちゃんは、思うように行かないのが世の中なんだって言う。

天文会館も、きっと継続したかったのに、誰かが決めた都市再開発であきらめたんだろうって。

まあとりあえず、日本天文研究会の人から写真をもらいいろいろ教えてもらったので、そこはまとめておきます。

虎ノ門天文会館

虎ノ門天文会館は、村山定男さん（1924～2013）が、ビルの一画を知り合いから安く借りられたから設立できた、実は個人的な、村山さんの書斎ともいえる会館だった。2001年4月開館。

2008年に体調をくずした村山さんは、虎ノ門の都市再開発計画のことを知ると、会館はもう閉じようと決めた。安く借りられる場所は他にはないから。

村山さんの仲間や後輩は、村山さんをたいそう慕っていたから2013年、村山さんが亡くなるとその意思にそって、会館に保存していた資料を片づけていった。

かつて虎ノ門天文会館が入っていたビル。この3階が天文会館だった。

それらはミカン箱大の段ボール80個と、大きな戸棚8個分になった。次の保管先へとすべてを発送し、静かに閉館とした。２０１６年7月。


日本天文研究会の人は言ってました。

どんなに古くてボロボロでゴミにしか見えない資料でも、その内容を求めている人にとっては、それは貴重な宝。であるから資料は保存しつづけるべきなのだ。

日本天文研究会の人は、つづけて言いました。

神田茂先生の資料の多くは、実は保存されず、行方不明になってしまった。先生が亡くなった後、関係者の知識不足や、不運が重なったために。心して保存しないと資料は守れない、失われやすいものなのだ。


神田茂さんの、価値ある資料が行方不明……？　まぁじいちゃんの、資料どころの話ではないよな。

村山さんはアマチュア天文家？

日本天文研究会の人は、少し変なことも言いました。

村山定男さんのことを、アマチュア天文家だと。

ん？　サエねえの調べもあってぼくは村山さんのプロフィールを少しは知ってるんです。

国立科学博物館の館長を定年までつとめた村山さんは、渋谷にあった五島プラネタリウムの館長もやり、隕石の研究では、宇宙化学の先駆者となり、火星観測でも大きな仕事をした。

それって、プロでしょ。

たとえば火星観測

火星といえば今では人類が火星面に探索車を送って酸素をつくる実験もやり、いずれは人間を火星に送る計画もしてるようだけど、村山さんの時代には、望遠鏡をのぞいて火星

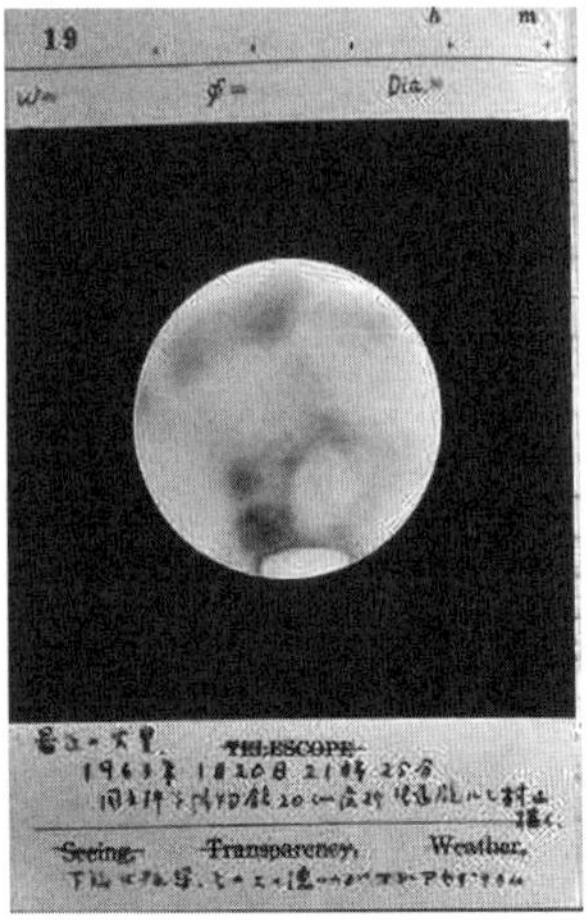

村山さんによる、1963年に大接近した火星のスケッチ

面をスケッチして、そのスケッチの模様の変化から火星を知る、という観測がつづいていました。

　火星の縞模様を、人工的に掘った運河だという学者もいて、火星人の存在を信じる人たちもいた。

　村山さんは、火星観測の基本であるスケッチを15歳の年から、79歳の火星大接近の年までこつこつ描きつづけ、フランス天文学会からも顕彰されました。

　アマチュアは趣味で天文をやる人で、仕事にしてたらプロですよね？　とぼくは、日本天文研究会の人に、気になってまた質問したんです。

　そしたら次のように答えてくれました。

「村山先生の専門は、厳密にいうと宇宙化学であり、天文学ではなかった。

ただ先生は星を、天文を、とにかく愛する方だったし、それに当時の科学博物館が、今では考えられないような家族的な組織だったので、先生は科学博物館というプロの仕事場の中に、個人的な観測を持ち込めていたのです。

その頃は除夜の鐘を聞きながら年越し観測を、毎年やってたらしいですよ、科博の20センチ屈折望遠鏡で。

ちなみに小山ひさ子先生が長年つづけた太陽黒点観測も、正規の仕事ではなく、個人的なアマチュアとしての観測だった。その記録が今じゃ世界的な評価をうけてるんですけどね。

とはいえ戦後の昭和期の、プロとアマがあいまいな自由な時期は、そう長くはつづかなかった。そりゃそうでしょう、セキュリティ的にも労働環境としてもユルユルだったんだから。今後もそんな時代は来ない。

ただし村山先生は、時代が変わった後も、天文学をプロの世界から世の中へとひっぱり出していた。一般の人にも分かりやすく説いて広めたということです。私たちは、先生の気取らない姿勢に引き寄せられましたよ」

以上の話を聞いたサエねえは、村山さんも、村山さんの時代も、やっぱオモシロそうだわ、話のまとめは、あたしがやってやるよ、とぼくに言ってきました。そして、ケイタも手伝うよね、と笑って言いました。

まあ、サエねえがいろいろやってくれるのは、それはそれでいいんだけど。それよりも、正直言うとぼくは、まだ受け入れられなかったんです、天文会館がなくなったことを。

日本天文研究会の人は、でも会館がなくなっても怒ってなくて、こだわってなくて、ぼくだけが怒ってて。あのおじさんに怒るよりも強く怒ってて、……というか、おじさんのことは、別に許しちゃいないけど今はもうどうでもよくて。とにかく、天文資料を会館に、引き取ってもらうアイデアが、ぼくのアイデアの達成が、一番の楽しみだった。目標だった。ぼくのアイデアだから。それがスカされたわけだ。腹が立つしかなかった。

……ということで。

ぼくはサエねえがまとめてくれてる、昭和の歴史と、村山定男さんのことを、ちゃんと仕上げられるよう、手伝いたいと思います。

第十四章　村山定男さんの時代

東京科学博物館

東京の上野公園の一画に、１９３１（昭和６）年、近代的な東京科学博物館（戦後に国立科学博物館となる）がオープンしました。

その年の秋には、ラジオが「暴戻《ぼうれい》なるシナ軍が満鉄線を爆破し……」と臨時ニュースをながす「満州事変」がぼっ発し、景気も悪くて庶民の暮らしがきびしいなか、新たな博物館のオープンは一つの明るいニュースでした。

昭和の子どもは、でもまだその頃は戦争の影におびえることなく、青洟《あおばな》をたらしながら外を駆けまわっていました。その時代はタンパク質不足な食生活のせいで、青洟をたらす子どもが多かった。

村山定男少年は、そうやって外を駆けまわる子たちとは遊びませんでした。からだが弱かったせいですが、実はそれよりもまず、ものすごく内気なはにかみ屋で、仲間に入っていけなかったのです。

村山少年は科学にはたいへん興味がありました。

8歳になると、自宅があった本郷から上野公園まではそう遠くないことが分かり、東京科学博物館を訪れます。

そうしてそこで、天文学、というものに出合います。村山少年はたちまちとりこになりました。

博物館で毎週土曜の夜に行われる、観望会にも通いました。

友だち

マイナス1・5等という、全天一の明るさを持つ星は、おおいぬ座のシリウスだと知りました。オリオン座には三ツ星が並んでいることも知りました。

オリオン座とおおいぬ座のシリウス

村山少年は10歳になると望遠鏡をみずから手づくりして、土星の環や月面クレーターも観察するようになり、そうしてつくづく思いました。近くの星から遠くの星まで、星たちはいつも変わらずそこに居る、みんなぼくの友だちだよ、と。

それでもしばらくして友だちの星々を、村山少年は観測しなくなります。13歳の年に、中学受験＝旧制7年制高等学校への受験勉強におわれたからです。

村山少年の家系は医者や学者が多く、

父の村山達三氏は、東京都立（当時は東京市立）駒込病院院長なども務めた、伝染病の専門家で、自宅にいれば書斎でたえず読書をしていました。

母方の祖父は宮入慶之助《みやいりけいのすけ》氏という世界貢献をした有名な病理学者で、日本住血吸虫という寄生虫が、巻き貝を中間宿主としているのを突きとめたため、その功績を記念してミヤイリ貝と名付けられもしました。

そういった家庭環境のもと、村山少年は受験にのぞみます。現代では多くの子どもがいどむ中学受験ですが、昭和10年代にあっては孤独でストレスフルな挑戦になりました。


結果は、合格。

入学祝いに7センチ反射望遠鏡を買ってもらい、金星の満ち欠けや木星の縞まで見られるようになり、うれしくはありましたが、受験のストレスはその後も尾をひきました。

それは村山少年が、将来は天文学を学びたいと思い始めていたからです。

中学受験であんなに苦労したのに、さらに難しい勉強を自分はこの先やれるんだろうか……という不安がぬぐえなかった。

天文学者になろう

村山少年は、東京科学博物館で行われる観望会や講演会には通っていました。

あるとき、博物館に嘱託《しょくたく》できていた東京帝大助教授の、藤田良雄先生に思い切ってたずねてみました。

「私は頭があまり良くないのですが、天文学が、できるでしょうか？」

すると先生は、

「学問は根気が第一。コツコツ勉強することです」と励ましてくれました。

１９３９（昭和14）年、15歳の年、火星が地球に大接近することが新聞でも大きく取り上げられるなか、村山少年は赤くてまぶしい火星の、そのスケッチをひたすら描きました。

天文雑誌『天界』を読んでさらに火星のことを知り、専門書にもふれて、少しずつ自信をつけていきました。

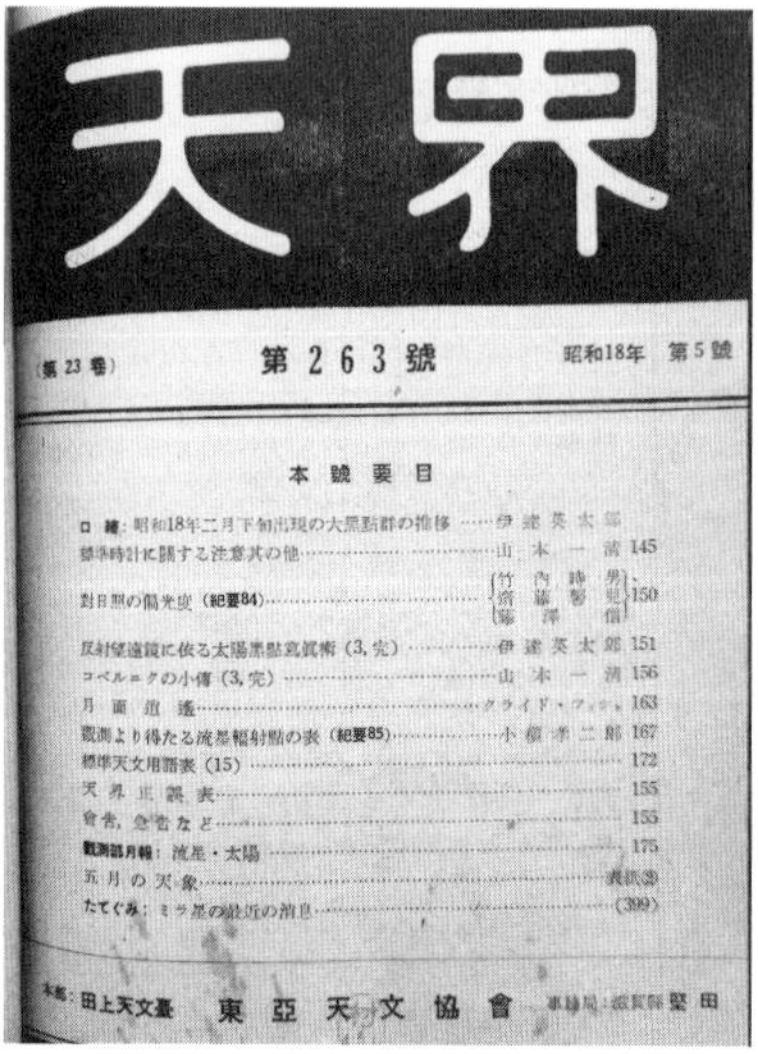

天界

（第23巻）　第263號　昭和18年　第5號

本號要目

口繪：昭和18年二月下旬出現の大黒點群の推移	伊達英太郎	
標準時計に關する注意其の他	山本一清	145
對日照の偏光度（紀要84）	竹内時男・齋藤馨兒・藤澤信	150
反射望遠鏡に依る太陽黒點寫眞術（3，完）	伊達英太郎	151
コペルニクスの小傳（3，完）	山本一清	156
月面逍遙	クライド・フォッ…	163
觀測より得たる流星輻射點の表（紀要85）	小槇孝二郎	167
標準天文用語表（15）		172
天界正誤表		155
會告，急告など		155
觀測部月報：流星・太陽		175
五月の天象		表紙(3)
たてぐみ：ミラ星の最近の消息		(399)

本部：田上天文臺　東亞天文協會　事務局：滋賀縣堅田

『天界』

自分は父親から、泥んこになって遊んでもらった記憶などないし、親子の距離はあるにはある。だけども、そんな父が勉強する姿を自分はずっと好ましく思ってながめてきたわけで、父の書斎へ、重いドアを押して入ると、洋書がびっしり並んでインクの独特なにおいがして、それを自分は前からなぜか大好きだった、だから勉強は、たぶん昔から、嫌いじゃなかったんだ。天文学者に、なろう、きっと。

村山少年はそう心に決めました。

日本が1937（昭和12）年に中国大陸ではじめた戦争は長引いて、ヨーロッパではドイツがポーランドに侵攻し、そして1941（昭和16）年12月になると、日本は米英に宣戦布告しました。

庶民は勝った勝った、とちょうちん行列をやりながらも、時代の不安定さをひしひし感じとっていました。ですが、人生の目標を天文学者と見定めた若い村山定男さんには、気持ちのゆらぎなど露ほどもありませんでした。

父の壁、時代の壁

大学受験が目前にせまった18歳の村山さんは、第一志望を目指してがんばっていました。ところが父、村山達三氏は、息子の志望に頑として反対しました。跡をついで医者になれ、と命じ、息子の固い意志をくじくために、知り合いの天文学者から助言をもらってきました。

その知り合いは東京天文台の関口鯉吉台長で、「天文学をやっても、飯が食えない」、つまり天文学はやめておけ、という助言でした。

父達三氏はさらに、天文学界の長老・平山清次氏の助言までもらってきました。

「日本の天文学はアメリカのような大設備もなく、将来は暗い。天文は趣味でやればよいだろう」

村山定男さんは、父親を通してではあったけれども著名な天文学者たちから、天文学はやめろ、おまえの夢はあきらめろ、と断じられたのです。

天文学を学ぼうするその手前で、大きな夢であった天文学そのものから拒絶されたも同然で、村山さんは人生の迷子になったふうでした。


とはいえ時代は差しせまっていました。もしも学校で落第でもしたら、即刻兵役にかりだされる、そんな時世だったのです。

日中戦争を開戦したころに、すでに国家総動員法という法律が制定され、政府は国民の生活や生き方を勝手に決めることができました。

そのため村山さんは、とにかく天文学科はあきらめて、化学科を受験して合格し、東京帝国大学理学部化学科へとすすむことになりました。

1943（昭和18）年の秋には学徒出陣がはじまり、大学生が次々戦地に送られました。

ラジウム温泉

大学生になった村山さんも、大日本帝国の臣民《しんみん》として動員されました。臣民とは天皇に付き従う人のことで、当時は皇族以外の国民、みんなが臣民でした。

理工系学生は、けれど戦地へは送られず、軍事上の研究＝軍需研究を行うことに。

村山さんのいた教室は、兵庫県の有馬温泉に移動して、温泉水から、ラジウムなどの希元素をとりだす研究にあたりました。

学徒出陣壮行会 1943（昭和 18）年 10 月 21 日 明治神宮外苑競技場にて

戦時中、新型爆弾と呼んだ原子爆弾の開発は、日本国内でも行われようとしていました。軍部が予算をつけて推しすすめ、国会もまた「ラジウムが1グラムあれば、英国艦隊を全滅できる」などといって後押ししました。

有馬温泉はラジウム温泉です。

そのため温泉水からラジウムをとる研究が行われました。が、とはいえまともな装置を一つも持たない村山さんたちは、炭を使って、温泉水を煮たてて蒸発させる、という原始的な作業をするのみで、まさか原子爆弾の素材を生み出せもせず、何か手ごろな兵器に使えたらば、と研究開発がつづきました。

同じころ、天文学科の学生たちは海軍に協力して、航海暦をつくっていました。それは天体の位置を測定しながらやる作業です。

村山さんは化学科にすすんだため、天体どころか、空を見上げることさえありません。ただ温泉水を蒸発させるだけの日々でした。

恩師、伊達英太郎さん

あるとき、村山さんは思い立ちました。

今の作業を休める日がきたら、伊達栄太郎《だてえいたろう》さんに会いに行こう、山を下って何時間か歩けば、宝塚の先にある、伊達さんの別邸にたどり着くはずだ。

宝塚大劇場はすでに海軍によって接収《せっしゅう》されていて、劇場のステージに立つ歌劇団員たちも航空機づくりに動員され、動物園のゾウやサルやキリンは、空襲による脱走を防ぐためにと殺処分され、といった戦時体制を村山さんはもちろん知っていたし、市街地へ下りたら危険は増すと分かっていました。

電車も、空襲の影響で有馬温泉発が止まっていたし。

それでも村山さんは宝塚より先の、静かな別荘地に住んでいる伊達さんに、会いに行くことにしました。初めて実際に会うのです。

伊達英太郎さんは、天文雑誌『天界』で、火星などの惑星を主に担当して記事文にしていた人で、村山さんより12歳年上なだけの若い天文家でしたが、より若い多くの後輩に助言をしてきた人でもあって、村山さん自身も、15歳からくり返し読んだ『天界』の中で、解けずにいた疑問を伊達さんにむけて、内気だったために2年後の17歳になってやっと手紙に書いたところ、即座に伊達さんは返事をくれて、その後は何度か教えも乞うて、村山さんの火星スケッチを『天界』に載せる手はずもしてくれた、伊達英太郎さんは、村山さんにとって最初の師と呼べる人なのでした。

伊達さん自身が発行していた冊子「Star Gazing」

天文雑誌『天界』の発行者は、山本一清氏でした。

京都帝大の教授であり花山天文台長でもありながら、アマチュアも取りこんだ同好会「東亜天文学会」を立ち上げるなど、山本一清氏は独自の活動を展開しましたが、その性格の激しさゆえか大学を退職することになり、それでもなお、引く手あまたの活躍をしていました。

そんな山本一清氏は、伊達栄太郎さんを信頼して『天界』の多くの部分をまかせていました。


とはいえ伊達英太郎さんはアマチュア天文家で、専門家としての肩書は持っていませんでした。

大阪にあった老舗《しにせ》の履物屋《はきものや》の長男だった伊達さんは、宝塚の近くにあった別荘を、天体観測所とし、地元の天文仲間を呼び集めるなどして活動していました。余裕のある暮らしぶりでした。

ただ、結核を伊達さんはわずらっていて、そのため召集はまぬがれたけれども、微熱が出るたびに医者から観測のストップがかかる、という活動ぶりでした。

ふたたび科学博物館へ

有馬温泉での軍需研究は、ほんのわずかなラジウムだがようやく採取できた、と思ったら大日本帝国は、2発の原爆さえ落とされて敗北し、全ての研究はとうぜん打ち切りとなりました。

村山さんは東京の生活に戻ることに。

伊達英太郎さんに何度か会えた、そして敗戦後にも一度、いっしょに火星を観望できた、その思い出をたずさえて。

村山さんが一番戻りたかった先は、自分の家や大学ではなく東京科学博物館でした。

空襲で丸焼けになった東京でしたが、皇居や、科学博物館や、村山家があった本郷あたりは、さいわいにも焼けませんでした。

とはいえ博物館の館内はひどい荒れようで、なぜなら戦時中に館内を宿舎としていた日本陸軍が、敗戦の悔しさから、展示物に八つ当たりするように荒らして去ったからです。

後に村山さんはその光景を後輩に話しています、「一つの統制が崩壊すると、無秩序になる、それを目の当たりにしたよ」と。

ただし博物館の屋上へ上がる扉には、しっかりした鍵が掛けられて、20センチ屈折望遠鏡は無傷で残っていました。

科学博物館はその年の秋には、その望遠鏡による天体観望会をスタートさせ、翌年には講演会も再開し、角帽をかぶった村山さんはそれらに足しげく通います。

大学においては村山さんは、ある時、化学科の木村東作先生に声をかけられました。

「宇宙化学の分野だが、隕石《いんせき》をやってみないか?」

隕石……、それは宇宙からの便りです、天体の子どもです。

「はい」と応じた村山さん。それが隕石研究との出合いでした。

そしてまた同じころ、関西にいる伊達英太郎さんから、東京の情報を村山さんは知らされました。

「神田茂先生が始めた同好会があって、日本天文研究会というが、そこに、参加してみないか？」

村山さんはさっそく入会しました。日本天文研究会には、小山ひさ子さんのような若い天文家が集《つど》っていました。

そして神田茂さんは、実は隕石の著名な研究者でもあったため、村山さんは自身の研究を、神田茂さんの下でも深めていけることになりました。

さて、この時期に村山さんが隕石研究と、そして神田茂さんという天文家に出会えたのは、たまたまの出来事だったでしょうか。運よく偶然に出会えた？

いいえ、偶然とは言えないはずです。

もちろんその時代とのめぐり合わせは、予期ができない歴史的な偶然でした。

けれども、村山さんは昔からすごく内気なはにかみ屋で、大勢の中へすすんで入ってはいけない性格で、同時に健康面にもかなりな弱さがあって、それらは成長とともに多少は改善されたにしても、自分の核として残っていたのです。

そんな村山さんが、隕石研究および神田茂さんという新たな重要な出会いを得たのは、偶然のしわざではなくて、自らが、あえて積極的に、えらびとったゆえでした。それはつまり内気な自分の背中を押してくれた、伊達英太郎さんの存在が、伊達さんの影響があってのことだったでしょう。

終戦前に、村山さんは伊達英太郎さんに幾度か会えました。

有馬温泉から宝塚までを歩いて下って、そこから阪急電鉄が動いていたら何駅か乗って、数時間をかけてやっと会えた。

二人で話していられる時間はわずかしかなかった。それでも天文学の新しい情報や難しい知識を伊達さんから教わり、天文以外のことでも感化され、大きな刺激をうけました。

伊達さんは、帰り道もまた何時間か歩く村山さんの苦労をねぎらって言いました。

「天文仲間はみんな、共通なところがありますね。だいたい身体があまり丈夫でなくて、写真や音楽が好きで、神経質で…」

そういうと村山さんに笑いかけました。

その表情は、やはりどうしたって病人の笑顔で、苦笑いになっていました。


そのときの笑い顔が、東京に戻った村山さんには何より思い出されて、そのたびに内省《ないせい》したのです。

伊達英太郎さんは地元の私宅から動けずにいて、病気を治せずにいる。だからこそ自分が、前へと動かなければダメなんだ、これからは、気持ちを強く持って、どんどんやっていこう。


扁桃腺がはれて寝込んだり大腸の具合が悪くて入院したりと、その後も村山さんはしばしば体調をくずしたけれど、しかし隕石研究をやると決めた時点で、すでに心がまえはできていました。

隕石が落ちたと情報が入れば、山奥であろうとすぐに研究者は出かけて行って、消えかける放射性物質を分析しなければならず、隕石研究には体力が一番に必要なんだが、そこは、なんとしてもやり切ろう。

村山さんのそんな前向きな気持ちは、ぶれずに強さを増していきました。

１９４６（昭和21）年11月、大学生の身分のままで村山さんは、東京科学博物館の非常勤職員になりました。

そしてさらに、大学院へとすすむ道があったのに、すすまない、と決めました。つまりアカデミックな研究をつづける道を選ばずに、現場へ出て、現場にて、研究を積み重ねる道をえらんだのです。

１９４８（昭和23）年、東京科学博物館の正式な職員となりました。

そうして、戦時中に科学博物館から疎開《そかい》をさせていた数々の隕石が、戦後の混乱でただの石ころのように扱われていたのを、一つ一つ化学分析して分類し直す、という作業をになりました。

隕石情報が入ると、かなり遠方であっても汽車を乗りついで村山さんは出かけました。

科学博物館に予算はあまりなく、汽車賃はたびたび自分で工面して。

隕石が落ちたと情報が入ると、汽車を乗りついで出かけて行った村山さん（左端）。小山ひさ子さんらと。

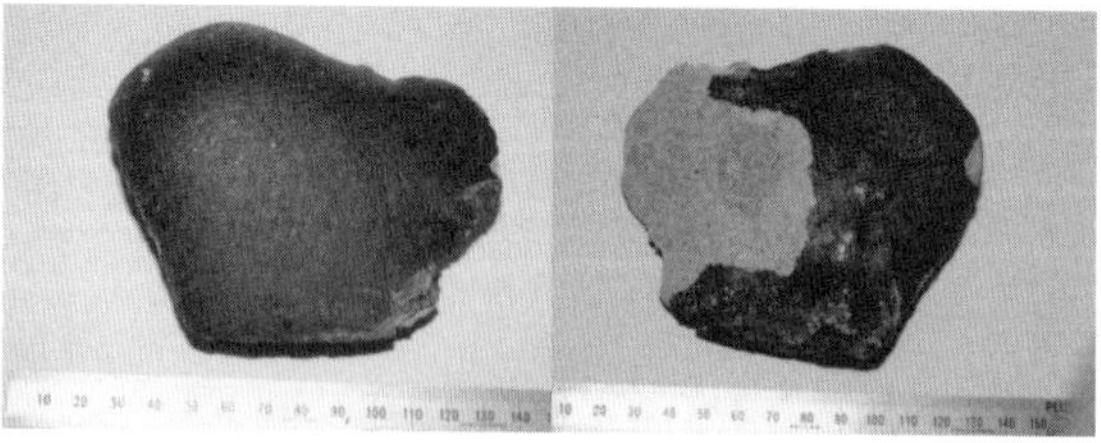

東京科学博物館から国立科学博物館に引きつがれ保管されている、隕石

冷戦とアメリカと日本国

敗戦で丸焼けになった日本全土を占領したのは、ＧＨＱ（連合国軍最高司令官総司令

部）で、実のところそれはアメリカ陸軍でした。

ＧＨＱは、ポツダム宣言にある――日本軍隊を武装解除し、戦争犯罪人を罰し、基本的人権の尊重を確かなものにして、民主主義の傾向を復活させる、などの目的にむけて占領政策をとり行いました。指令を日本政府に次々発したのです。

敗戦の年の秋には、財閥が解体され、翌年の元旦には、天皇が人間宣言をしました。戦時中は現人神《あらひとがみ》とされていたので。

そして総選挙が、女性も参政権を得て行われ、１９４７（昭和22）年に日本国憲法が施行されると、大日本帝国はまぎれもなく終了しました。

戦争を推しすすめた政治家や軍人や役人は、公職から追放され、特高警察などの組織も解体されていきました。

東京科学博物館は１９４９（昭和24）年に、ＧＨＱ最高司令官マッカーサーの指令によって、国立科学博物館となりました。

また、学者の代表機関である日本学術会議が政府から独立してつくられたり、教育現場すべてに男女共学が取り入れられたりと、社会はつくり変えられていきました。
ところが、そういった改変は長くはつづかなかった。冷戦が始まったからです。

アメリカとソ連、いわゆる米ソの両大国は、ともに日本とドイツを敵として戦っていたけれど、戦後になると、資本主義と、そして社会主義および共産主義、というそれぞれの政治経済のグループを、拡大しながら激しく対立しあい、まさに冷たい戦争（冷戦）となりました。

ドイツはそのため西と東の2国に分かれます。

アメリカ国内では、社会主義や共産主義に共感する者をあぶり出すレッドパージが行われ、たとえばハリウッドでは喜劇王チャップリンをふくめて、多くの映画人がスパイ容疑で追及され追放もされました。

米ソで核兵器の開発競争も始まっていきます。

日本でも食糧をもとめるデモやメーデーが行われると、GHQは日本を社会主義化させないためにと、警察に取り締まりをさせ、特高警察など力をそいでいた組織を、名を変え

サンフランシスコ講和条約に署名する吉田茂首席全権と全権委員

てふたたび動かしていきました。

１９４９（昭和24）年、中華人民共和国が誕生。翌年米ソの代理戦争である、朝鮮戦争がぼっ発。

そこでアメリカは、日本の占領政策を大きく修正します。

〝日本の国は、共産圏に向きあう反共の砦《とりで》に仕立てなければならない。そのために日本経済をすみやかに復興させる。戦前の政治家や官僚も公職にもどし、挙国一致の体制を取らせてすすめる。〟という占領政策にかわりました。

1952（昭和27）年、戦争に負けた日本と、勝った国々が結んだ条約が発効し、日本はふたたび独立国になりました。

そのサンフランシスコ講和条約は、たとえば戦争責任については、いわゆる東京裁判およびび連合国によるBC級戦犯裁判を日本が受け入れて、それらの判決による刑を日本がとり行うこととし、相手国への賠償金については、金銭ではなく日本の技術や労働力であがなう、など多数の条件において合意されました。

ただしその条約の締結は、ソ連・中国・インド・ビルマなどが参加しない、冷戦を反映したものになりました。

そのため、独立を果たした日本からGHQという占領軍はいなくなったけれども、アメリカは、軍事的な戦略から沖縄などを日本より切り離して、施政下におきつづけたし、親米の考えをもつ日本の政治家や政党には、資金を約10年間も提供して、冷戦にそなえました。2006年その内容を米国務省は公開しています。

1953（昭和28）年、アメリカは日本に30万人の軍隊をつくるよう求めました。時の吉田内閣は、次のように応じます。

日本が再軍備をするためには、戦犯裁判によって今も刑に服している邦人《ほうじん》を、釈放してもらいたい。そうでないと日米の同盟を発展させづらい。

アメリカはそこで譲歩し、戦争犯罪人は順にすべてが釈放されていきました。

日本は日米安全保障条約を結んで米軍基地をおき、核の傘に入りました。

核の傘とは、核保有国の米国が、日本など同盟国の平和を、核兵器によっても守るという態勢のことです。

そのため日本の世論が割れて大きく対立もしたけれど、安心安全を求める冷戦時の考え方がやはり主流となり、ちょうど朝鮮戦争によって始まった好景気、そこに国全体がうまく乗れたため、日本は何をおいても、経済を大きくすることに力を注いでいきました。

1953（昭和28）年8月1日のこと。

29歳になっていた村山定男さんは、大きなショックを受けました。まるで全天の星が一

観測する伊達栄太郎さん

時に失われたくらいの。

　でもそれは日本経済や冷戦とは関係なく、あるいは神田茂さんの日本天文研究会や、隕石研究とも直接には関係がない、ものすごく個人的な衝撃でした。

　伊達英太郎さんが、亡くなった知らせがあったのです。

　子ども時分から手をとるようにして教えをうけた、師匠と呼べる、41歳の伊達英太郎さんが。

隕石も天文もプラネタリウムも

１９５３（昭和28）年、新たなプラネタリウムを東京につくろう、という企画が動きだしました。

その企画は、実は東京急行電鉄（東急）の五島慶太会長による案でした。

ただ戦後間もないころの鉄道は、終日ひどいラッシュで不満が社会に渦巻いて、東急がもしもプラネタリウムをつくり始めたら大反発がおきるだろう、だから、と五島会長は、天文学界に向けてプラネタリウムの発案を頼んだのです。

天文学界は空襲で有楽町プラネタリウムを失ったことを未だに悔しんでいました。

そのため五島会長からの頼みを、学界はさっそく受け入れ、プラネタリウム建設促進懇親会をつくって応じました。

そうして五島会長が、学界に賛同する、という形にして企画はスタートし、プラネタリウムは渋谷駅前につくられることになりました。


ところが現場で実務をしきる責任者が、なかなか見つからない。やり手経営者の五島氏と向き合う必要があったためにか、とうとう村山定男さんに、声がかかってきました。

設計事務所で、村山さんが五島会長と会った時でした。ふだんは笑わない五島会長が実にすなおに頬をゆるめるのを、目の当たりにした村山さんは、その本気を知りました。そこで覚悟を決めました、プラネタリウム建設をすすめていこうと。自分の隕石研究や、博物館の務めをこなしながらだが、やろうと。

村山さんはこの時期はしゃにむに仕事に打ち込みました。忙しくしておれば、伊達英太郎さんを失ったさみしさを忘れていられました。

1956（昭和31）年、火星が地球に大接近し、国立科学博物館で行った3夜連続の観望会には約7000人の市民が訪れました。子どもの参加も多かった。

戦後になると小中学校と高校の教科書

1960年代の渋谷駅前。手前の建物が東急文化会館（今はヒカリエに建て替わっている）。プラネタリウムは、会館の最上階につくられた。

に天文の項目がかなり載ったので、興味をもつ子が増えたのです。

１９５７（昭和32）年４月、渋谷駅前に、天文博物館 五島プラネタリウムが開館しました。ドイツのカールツァイス社製プラネタリウムが。

開館後も村山さんは運営を手伝っていきます。

その年、33歳になった村山さんは試験を受けて、博物館学芸員の資格もとりました。

１９５７（昭和32）年10月、ソ連が打ち上げた人工衛星スプートニク１号を観測するためのグループを、科学博物館でもつくって軌道を追いました。市民も参加して。

そのスプートニクの観測イベントは日本全土だけでなく世界で盛り上がりましたが、実のところ、初期の人工衛星は計算通りには飛ばず、行方不明になりがちだったので、人の目で追う必要があったのです。

あれもこれもと村山さんは本当にいそがしく立ち働きました。

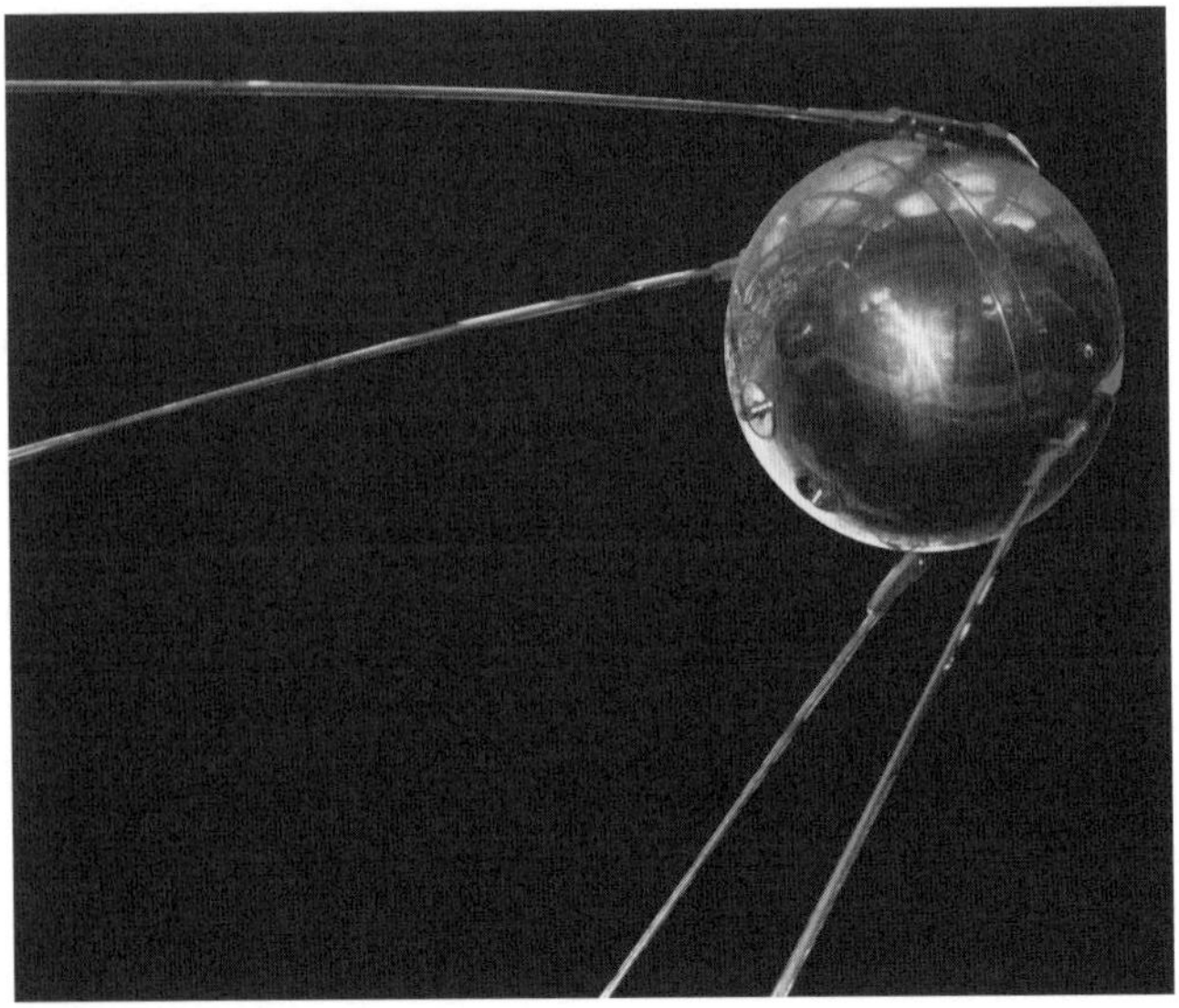

スプートニク１号

そんなある時、ふっと気づきます。

自分はいつの間にやら、伊達英太郎さんからのバトンを受けとって、引きついできたんだなと。

であるから、子どもたちや民間の人々に向けて、天文の魅力を伝えたいと本気で思っていて、そのために努力もしたいと思っていて、かつて、大学入試で自分が天文学をあきらめてしまったような、若者の夢をついえさせることだけは、決してやってはいけないのだ。

そういった思いをもって村山さ

んは、国立科学博物館で毎週土曜日に行う天体観望会と、毎月一度行う講演会を、さまざまなテーマで企画し運営していきました。
市民から電話でよせられる質問にも答えました。インターネットがなかった時代、毎日多くの質問に。

村山さんはまた、伊達さんから引きついだものの核心は、アマチュア天文家であることと認識していました。アマチュア天文家が基本であって、権威や権力からは遠く離れて自由に活動することで、天文の魅力をやさしく楽しく民間へと広げていける。
自然の不可思議さやスゴさといった感覚を、人間として深く持つことはとても大切。それらに触れてもらう機会を、少しでも多くつくっていこう。

1958（昭和33）年、金環食を八丈島で見る、というツアーを村山さんが企画すると300名以上の応募があり、それは次の日食ツアーへとつながって、日食情報センターがつくられました。

昭和の高度成長期は、冷蔵庫や洗濯機が各戸に行きわたった時代で、テレビは茶の間の主役になり、日食などの天体ショーもテレビで放映するようになりました。村山さんは解説者としてしばしば出演しました。

1969（昭和44）年、アポロ11号の月面着陸、その生中継を解説したのも村山さんで

八丈島金環蝕観測の旅、募集チラシ

村山さんが八丈島で撮った金環食

アポロ11号月面着陸

す。

　日本が1964（昭和39）年に東京オリンピックを開催し、そして大阪万博を行い初の人工衛星打ち上げにも成功した1970（昭和45）年頃には、アマチュアの天文同好会があちこちで誕生していました。

　そんな若い団体からも村山さんには講演依頼がきて、なかには講演料を払えないグループもあったけれど、時間がゆるす限り村山さんは講演を引きうけました。そして彼らには助言などもして、つながりを切らしませんでした。

執筆依頼も、新聞や雑誌だけでなく次々ときて、多くの書籍を村山さんは書きついでいきます。

日本は１９６８（昭和43）年から国民総生産（ＧＮＰ）で、世界第2位の経済大国になりました。

それは敗戦後にアメリカが、日本を復興させるためにと決めた1ドル＝３６０円という為替レートが、１９７１（昭和46）年までつづいた効果もあって、輸出産業で大いに稼げたからです。

発展をつづける日本にも問題はもちろんありました。

米軍基地への反発が本土の各地で起きて、そのため沖縄へとそれらの基地は移設されたのですが、１９７２（昭和47）年に、アメリカから日本へ復帰を果たした後も沖縄では、基地が原因の事件がおきつづけました。

ほかにも水俣病や四日市ぜんそくなど深刻な公害問題がおきました。

天体観測にも「光害《ひかりがい》」がじゃまをしました。

終戦直後の夜空には天の川や6等星も輝いていましたが、経済発展をとげた後は、自動車や工場からのスモッグがたちこめて、それが街のネオンを乱反射させ、1等星か2等星までしか見えなくなりました。

村山さんたち天文家はその状況を「光害」と呼び、ネオンの中でも特に障害だった回転するサーチライトは、環境保全にもとづく呼びかけをして廃止にもちこみました。

村山さんは天体観測を、科学博物館屋上の20センチ屈折望遠鏡で行いました。

その頃の科学博物館は職員たちがひじょうに家族的で、博物館全体が大家族のようで、互いの研究なり仕事なりを管理し合わない自由さがあったので、村山さんは個人的な火星観測などもつづけられたのです。

それでも毎晩、真夜中に博物館を出入りするのは安全上よろしくないからと、自宅にも村山さんは観測ドームをつくりました。

１９７１（昭和46）年、それらの場所で火星観測を積み重ねた成果によって、フランスのアンリ・レイ賞（Le prix Henry Rey）を村山さんは受賞します。

その翌年、科学博物館の理工学部長に48歳でつきました。

昭和の繁栄

神田茂さんは１９７４（昭和49）年7月29日に亡くなりました。享年80歳。
村山さんの胸に、思い出が次々浮かびました。

晩年の神田茂さん（77歳）。湯河原の自宅近くで、近所の人たちと。

日本天文研究会に村山さんが入会した次の年、学生の身分ながら東京科学博物館に非常勤で勤めることにしたのを、神田さんは祝ってハイキングを計画してくれた。日本天文研究会の仲間たちと出かけた、その時の写真。前列中央が神田さん、その向かって右隣が村山さん。

……神田茂先生は謹厳《きんげん》そのもので、天文以外のことは、ただウンウンとうなずいているだけのような方だった。内に強い闘志を秘め、終生変わらない信念を抱いていた……

村山さんは隕石研究を、神田茂さんから引きついで極《きわ》めていきましたが、その研究のやり方や、研究目的については、一般の人にも分かるように書き記しました。

——隕石が学問的に重要なのは、太陽系をつくった原料に、深い関係をもっていると考えられているからだ。

隕石の年齢を測るのに、たいへん都合のいい天然の時計というべき放射性元素がある。隕石のなかに含まれる放射性元素は、どれもその元素特有の一様なスピードでこわれて、ほかの元素に代わっていく。

たとえばカリウム40というのは13億年ほどで半分に減る割合でこわれて、アルゴンというものになる。

アルゴンとカリウム40、その両者の分量を測ると、アルゴンがとじこめられてから何年たったかがわかるのである。

その他の方法もいろいろ使って求められた、隕石の年齢は、ほとんどみな46億年ほどになる。

太陽系元年が、今から46億年前だというのは隕石の研究にもとづいたものなのである。

『天文学への招待』より——

村山さんは実は、神田茂さんが創設した日本天文研究会だけでなく、別の会をも、引きついでいました。

かつてアマチュア天文家の指導者として西の山本一清、東の神田茂と並び称された、その山本一清氏が、１９５９年に亡くなった後に、「東亜天文学会」の会長を、『天界』の発行もふくめて引きついだのです。

村山さんは心のすみに伊達英太郎さん由来の情熱をしのばせつつ、先達のさまざまな偉業を引きついで、さらに日食情報センターなど多くの団体も引きうけて、交流をつづけました。

そうこうしているうちにいつの間にか、そこで出会った人たちが土曜や日曜に、村山さんの研究室を訪ねてくるようになり、小さな集まりになっていきました。

もちろん有名な天文家もそこには交じっていたけれど、それよりも科学博物館の観望会をボランティアで手伝っているだけの若者や、上京して大学生になった天文アマチュアも多く加わっていて、だからその気さくな集まりは、村山さんから学べる場にもなり、いつしか「村山スクール」と呼ばれるようになりました。

日本社会はそのころはほぼ安定した繁栄をつづけ、１９７９（昭和54）年に出版された図書、アメリカの社会学者エズラ・ヴォーゲルによる『Japan as No.1（ジャパン・アズ・ナンバー・ワン）』が、大ベストセラーになっていました。

本のタイトルの意味は「ナンバーワンとしての日本」で、その内容は、経済成長をとげた日本国を分析したものでした。著者は日本人の読書量の多さや、日本社会には格差がないところを優れた点としてあげています。

それまでは多くの日本人は、働きすぎなところを欧米諸国から「エコノミック・アニマル」といわれて見下されたような、コンプレックスにも感じていたので、その図書でより自信を持てるようになりました。

１９８７年『日本アマチュア天文史』が出版されました。

これは全国各地で長く活動してきたアマチュア天文家たち数十人が、協力して時間をかけてつくり上げた一冊で、村山さんも一部参加しています。

日本アマチュア天文史編纂会 編集
恒星社厚生閣 発行

日本におけるアマチュア天文家の過去の業績を、古い記録をさがし出し、新たな資料も掘りおこしつつ、くわしく記した歴史的な書物にまとまりました。

そういう地道な活動はもちろんありましたが、世間ではしだいに華やかな活動が増えていきました。

一つには観測機器がめざましく進歩したためで、すぐれた望遠鏡を使って、アマチュア天文家が世界的発見をすることもありました。

1986年に回帰したハレー彗星

１９８６（昭和61）年にハレー彗星が76年ぶりに回帰すると、望遠鏡が全国で飛ぶように売れて一気に天文ファンが増え、日本ハレー協会を村山さんたちが立ち上げると、７０００人もの会員が集まりました。

オーストラリアでハレー彗星の観測を行った時には１０００人もの会員が参加しました。

ほかにも、日本各地の天文台には、大型で高性能の望遠鏡がおかれていき、プラネタリウムもあちこちに増え、さらに私立の天文台も、立派なのがいくつも建てられました。

高級外国車が街を走り「24時間 戦えますか」というCMソングも流れ、世の中はバブルという、ちょっと普通ではない時代に突入していたのです。

日本のバブル経済が起こったきっかけは、1985（昭和60）年、ニューヨークのプラザホテルで開催されたG5にて、日本がアメリカからの要求に合意したことでした（プラザ合意）。

実はアメリカは、2つの大きな赤字をかかえて困っていたのです。

1つはベトナム戦争の戦費がふくらんで財政赤字に陥っていた。そしてもう1つは日本から輸出する自動車や家電や半導体などによって、貿易赤字にも陥っていた。それらを正したいアメリカは、日本に為替レートの変更を求めたのです。

プラザ合意をしたことで、当時の1ドル＝約235円から、約120円へと1年足らずで激変し、日本は輸出で稼げなくなって不況になりました。

そのため日本は輸出ではなく、投資でもうける国へとまずは方針転換を決め、そして銀行から、企業や個人がお金を借りやすくして、世の中の景気を上向かせる対策がとられました。

するとと企業は、その借りたお金で海外に工場をつくって操業し、なぜなら日本国内より安い賃金で労働者をやとえたからで、それに時代はもうグローバル化がトレンドになっていたからで、中小企業もどんどん海外に進出していきました。


チリから始まったそんな新自由主義経済の手法は、イギリスやアメリカに広がって、日本も流れに乗ったのです。

国や政府がやると高くつく、民間の方が安くて効率がいい、だから国営の事業はやめて公務員も減らし、そして経済をグローバルに動かせば大きく成長できる、という考え方でした。

電電公社は民営化してＮＴＴとなり、国鉄もＪＲへと分割民営化されました。

プラザ合意をきっかけとした不況は、そんなことで収まりました。

ところがアメリカから促されたこともあって、今しばらくその政策はつづきます。

銀行は貸し出しのセールスをつづけ、企業は本業ではなく、株や不動産への投資によって従業員の給料をアップさせ、個人もまた、投資目的でリゾートマンションなどを買い、株価は昨日よりも今日、今日よりも明日と上がり、下がることを誰もが忘れたような時代になりました。

昭和の最後はそんなふうに活況が渦巻いて、１９８９年、平成時代へとつります。

村山定男さんが国立科学博物館を定年退官したのは、そんな昭和の終わりと共にでした。

天文博物館 五島プラネタリウム

村山さんは天文博物館 五島プラネタリウムの館長に就任しました。１９９０（平成2）年、66歳の年。

プラネタリウムは東京の渋谷駅前にあった東急文化会館という、映画館や書店やレストランが入った、８階建てビルの最上階にありました。

29歳で村山さんは、プラネタリウム開館にむけて実務を取り仕切り、さらに東急の会長に進言して、お楽しみ施設ではなくて博物館の形にしたものを、33歳で開館し、その後も長く運営にたずさわって渋谷駅前から、広くプラネタリウムを知らしめてきた村山さんの、館長就任はしごく自然な流れでした。

天文博物館 五島プラネタリウムで村山さんは、講演会や催し物をどんどん企画していきます。

世の中に、歴史的なニュースが流れました。

東西に分かれていたドイツが1989年11月に一国に統一され、1991

五島プラネタリウムのドーム

年ソ連が崩壊。冷戦が文字どおり終わったのです。これで戦争のタネは消えて世界はいずれ民主化する、という考えがその時点では広がりました。

それからまた派手で勢いのあるニュースも流れました。

ニューヨーク・マンハッタンの摩天楼であるロックフェラーセンターやエンパイア・ステート・ビルは、アメリカの魂に例えられもする高層ビルですが、日本人が、それらを買ったというニュース。

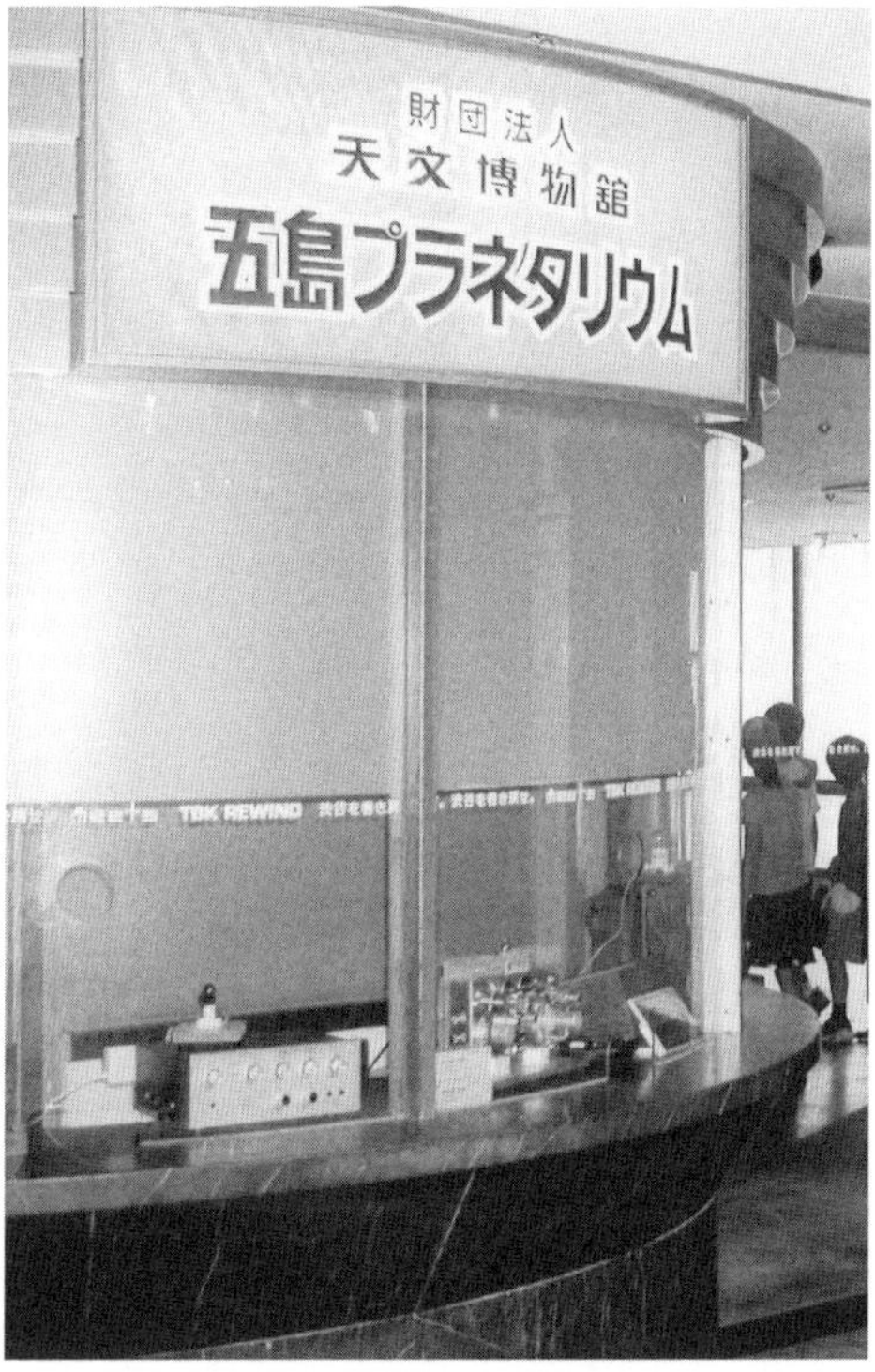

五島プラネタリウムの入口

日本人によるど派手なニュースです。しかしそれと同時に、日本国内では市井《しせい》の人が、住む家をなくした報道も多くなりました。

地価がはね上がったせいで納税できなくなった住人は、わが家を手放すしかなかったのです。

地域を再開発したい業者や地上げ屋によって、追い出される住人もおおぜい生まれました。

そんな社会問題は経済政策の失敗によるもので、銀行から市中へとお金をジャブジャブ流しつづけたせいでした。

日本の為政者は早くにジャブジャブを止めるべきだったのに、挙国一致で動きだすと、途中で修正をしにくい国柄なのでしょうか。

ようやく政府がお金の流れを止めた時には、しかし急ブレーキをかけたためにか1992（平成4）年、たちまちバブルは崩壊《ほうかい》。株価は暴落《ぼうらく》。

大手企業が不良債権《ふりょうさいけん》をかかえて行きづまり、働く人はリストラされ、若い人が就職したくても、出来ない、就職氷河期世代が生まれました。

1995（平成7）年　1月17日　阪神・淡路大震災
1995（平成7）年　3月20日　地下鉄サリン事件発生。オウム真理教信者が、猛毒サリンを地下鉄でまいた事件。

渋谷の街の再開発が決まりました。
東急文化会館は、高層ビル（現ヒカリエ）に建て替えられることに。ただしそこにプラネタリウムは入らないと決定。

村山さんはその決定をうけて、自分の身辺整理もすることにしました。自宅の観測所は閉じて、知り合いの天文台へとゆずり、自宅もマンションに移し。
そうしながら村山さんは考えていました、これからは科学全般が、今よりもっと人の生活に寄りそう必要があると。バブル経済や地下鉄サリン事件を見てきて、科学的に、冷静にものを見る目がより重要であると痛感したのです。

投影機の前で、最後のあいさつをする村山さん。

ヨーロッパを中心に、サイエンスコミュニケーションが試みられているが、日本でも取り入れるべきではないか、と村山さんは考えました。

それはたとえば、大気汚染や遺伝子組み換えなど日常生活につながる問題は、科学者が一方的に説明するのではなく、市民と話し合った上で、どうするかを決めていくというものです。

もちろん村山さんは、プラネタリウムの閉館に力を注ぎました。

そうして2001（平成13）年3月11日、館長として村山さんは、最後のあいさつを行いました。

翌3月12日、毎日新聞（明珍美紀 記者）は、前日の様子を次のように書きました。

《五島プラネタリウム閉館　最終日の上映すべて満席》

日本のプラネタリウムの草分けの一つで１９５７年のオープン以来直径20メートルのドームスクリーンに星空を映し、約１６００万人が訪れた東京渋谷区の天文博物館「五島プラネタリウム」が11日閉館した。

最終日のこの日は６回の上映とも４５０の座席すべてが埋まり、観客からは消える渋谷の名所を惜しむ声が聞かれた。

開館した57年は旧ソ連が初の人工衛星を打ち上げ、「宇宙時代の幕開け」ともいわれた年。星座や天体の解説のほか「星と音楽の夕べ」などの企画も好評だった。しかし、80年代以降各地に同様の施設が増え、多い時は年間50万人だった来館者は、ここ数年は十数万人に減少していた。

村山定男館長（76）は「21世紀は月への旅行も可能な時代になるが、星座を見て、宇宙の不思議を感じる心を大切にしてほしい」と話した。

友だちと家族と天文家

バブル崩壊後の日本は、経済をうまく立て直せずに時が過ぎ、失われた10年と言われました。その先も失われた20年、30年とつづくのですが。

もちろん政府は立て直そうとしました。経済の形を、さらに民間にまかせる新自由主義的な、アメリカ型運営へと変えて。

そのため日本の会社は従業員ではなく、より株主のために儲《もう》けなければならなくなり、従業員は会社のコストだからと、正社員から、非正規の働き手にどんどん替えられていきました。

そして「選択と集中」という、すぐに儲かるところへ投資を集中させる方法がとられたため、研究開発や、設備への投資はおろそかにされ、新しいアイデアが出てきづらくなり、やはり失敗は、ゆるされないからと、チャレンジをしづらい運営になりました。

「選択と集中」という方法は、大学など学問の分野でも取り入れられました。

それらの結果、社会には「勝ち組　負け組」と分類される格差が広がりました。しかし成長産業は、なかなか生まれてこず、さらに新たな改革がめざされています。

天文の分野も、バブル崩壊で大きなショックをうけました。

各地にあった天文台やプラネタリウムなどの施設は、来訪者がいないため財政が悪化し、職員をアルバイトにかえて施設の一部を閉めたりしても、歯止めはかからずで、施設の閉鎖がつづきました。


もうその頃には天文学をふくめて、科学が分業化し、細分化し、市民から離れたものになっていて、村山さんは悩ましく思っていました。

サイエンスコミュニケーションが、日本でもようやく試みられるようになったので、村山さんは講演や出版など機会をとらえては、若者にむけて話をしました。

「サイエンスコミュニケーションにたずさわる者が、専門特化してしまってはいけない。難しいことを噛みくだかずに話したら、特定の人間にしかとどかない。

一番大事なのは楽しく語ること、市民が耳をかたむけてくれるように。同時に、専門分野以外のことも語れるようにしよう。そして科学は、楽しくて役に立つんだと知ってもらおう」

東京都港区虎ノ門にあった古いビルは、オーナーが天文ファンのため安く借りられると分かり、そこを村山さんは、仲間が集《つど》える場所にしようと考えました。

勲三等瑞宝章を、1994(平成6)年に村山さんは贈られていましたが、過去の業績をふり返っているよりも、未来への課題に向き合っていたかった。虎ノ門天文会館はそのための場所でもありました。

日本天文研究会メンバーや、全国各地にちらばった村山スクールの仲間たちは、村山さんの会館に集いました。

仲間たちにとっての村山定男さんは、昭和時代をつらぬくようにして、天文学を広く知らせた大先輩です。まさに敬慕から「先生」と呼びました。

ですがそういう彼らに、村山さん自身が先生面《づら》して、偉ぶるなんてことは一切ありませんでした。

欠点といえば、村山さんは原稿を書くのがものすごく遅くて、編集者をおおぜい泣かせたということくらいで、どこの誰にも分けへだてなく接し、著名な学者であろうと一般市民や子どもであろうと、まったく変わらずに接する先生なのであり、ほめて伸ばしてくれる先生なのであり、みんなのことは名前で、さん付けや君付けでふつうに呼んでいたけれど、関係がますます深まると「あぁた」、と村山さんは呼んだりもして、だからみんなと先生の境界が、ふっと溶けて無くなるような時間も生まれていました。

2003（平成16）年、村山さんは脳梗塞を発症し、車椅子生活になりました。それでも日食観測ツアーに参加するなど、仲間たちのサポートもあって天文活動をつづけました。

2006（平成19）年、科学博物館屋上の20センチ屈折望遠鏡が、75年間働いた役目を終える日がきて、村山さんは国立科学博物館名誉館員として会いにいきました。

そこで村山さんは振り返りました、20センチ屈折鏡は、まさしくわが相棒だったなと。

20 センチ屈折望遠鏡と対面する村山さん。2006 年

始まりは、……8歳の時だった。8歳で科学博物館の観望会に初めて参加した時に、20センチ屈折鏡から、友だちを紹介されたのだ。天上にいるたくさんの友だちを。

ひどく内気で、はにかみ屋で、自分はそれまで一人も友だちをつくれていなかったが、その出会いからは、天上の友だちと長い長いつき合いになった。

退任するわが相棒よ、これまで本当にありがとう……。

港区虎ノ門一帯が再開発されることになりました。

天文会館は、建物が取り壊されると

都市再開発の風景

ころで終える、と村山さんは決めました。

２０１１（平成24）年3月11日　東日本大震災発生。

福島第一原発の大事故で放射性物質がまき散らされ、難題が長く残ることになりました。

地球環境問題は、その大事故以前からずうっと先送りされたままでした。

太平洋戦争にまつわる問題もまた。

当時の空襲で傷ついた民間人が、政府に補償を求めるために団体をようやく結成したりと、戦後60年70年を経ても、解決されない問題が残っていました。

矢印は、虎ノ門天文会館が入っていた6階建てビルの、裏側。この一帯が解体される直前の風景

東京オリンピック・パラリンピック招致活動が始まると、都市再開発が、大都市を中心に各地でさらにすすめられました。

虎ノ門でも数年後に、会館が入ったビルをふくめて解体され、大工事が始まります。

あるとき、村山さんの仲間みんなは、発案しました。観望会をひらこうと。

20センチ屈折望遠鏡も引退したし、そのころの村山さんが観望会から遠ざかっていたためですが、実は仲間のみんなは、村山さんに見つかった前立腺がんの進行も気にかかり、元気になってほしい思いがあって観望会を計画したのです。

観望会のスナップショット。
村山さんは望遠鏡の奥側にいる。

観望会は、村山家の菩提寺である青松寺の境内を借りて行い、たくさんの仲間が集いました。

村山さんはその一夜《ひとよ》、古くからの友だちにしばらくぶりに会えました。

天上からまたたいて挨拶を返してくれる、たくさんの友だちに。

そしてまた村山さんは、あらためて感じとりました、その観望会をひらいてくれた仲間たちのことを、すごく身近に。

その時の村山さんは、観望会に来られなかった他の仲間のこともまた、同じく近くに感じていました。

だからもう村山さんにとっての仲間は、みんな一人ひとりが、わが家族、そう思えるほどに成っていたのです。

２０１３（平成26）年8月13日、村山定男さんは旅立ちました。何光年も先の世界で待ってくれてる、友だちのところへ。

したのです。『昭和天文クロニクル』の第二章に登場した住職にです。

旅はつづいています。


じいちゃんが四日市空襲で逃げた時に、わしづかみにしてた「半焼けの、天文同好会会報」（第七章）は、四日市市立博物館で、保存してもらえることになりました。

それから他の天文資料も、それぞれ収まるところに引き取ってもらえるらしい。

なぜかというと、日本天文研究会の人に一応じいちゃんが死んだことと、お礼も、ちゃんと言おうと思って電話をした時に、ぼくはしゃべったんです、じいちゃんの天文資料がまだ手元にあることを。そしたら、私の方へそれらをください、と言ってくれて、四日市市立博物館とかに連絡してくれて、資料ぜんぶを、その日本天文研究会の人がふり分けてくれたんです。


まさか資料を引き取ってもらえるなんて。ほんとビックリで、ありがたいです。じいちゃんも絶対によろこんでる。

日本天文研究会メンバーは、やっぱり元来、アマチュア天文家なんだと思いました。

ぼくは村山定男さんの人生をたどってきて、このアマチュア天文家ということばの意味が分かった気がしてます。

これはプロに対比して言うアマチュアではなくて、たぶん天文に対する生き方を、あらわしているんでしょう。

村山定男さんはだから《プロフェッショナルな、アマチュア天文家》だったわけで、村山さんの後輩たちも、その精神を引きついだ《アマチュア天文家》なんだと思うのです。

戦争やパンデミックや、どうしようもない地球温暖化と、人口減少とかの国内危機の中を、これからぼくは生きなきゃなりません。

嫌になりそう。

けど旅はつづく。

ぼくはこの先は、天体の観測者にはならないにしても、せめてアマチュア天文家の精神で、乗り越えていきたいと、それが次の課題かなと、今は思っています。

【参考文献・論文】

半藤一利『昭和史　1926→1945、戦後篇1945→1989』平凡社
緒方貞子『満州事変　政策の形成過程』岩波書店
吉田　裕『天皇の軍隊と南京事件―もうひとつの日中戦争史』青木書店
三浦英之『五色の虹　満州建国大学卒業生たちの戦後』集英社
藤原てい『流れる星は生きている』中央公論社
丸田孝志「満州国『時憲書』と通書―伝統・民俗・象徴の再編と変容」広島大学『現代中国研究』（第33号）
内木　靖「満蒙開拓青少年義勇軍・その生活の実態」愛知県立大学大学院 国際文化研究科論集
林　博史『BC級戦犯裁判』岩波書店
日本アマチュア天文史編纂会編『日本アマチュア天文史』恒星社厚生閣
村山定男　藤井　旭『天文学への招待』河出書房新社

村山定男『天文おりおりの記』星の手帖社
四日市市 編纂『四日市市史・第14巻 史料編 現代Ⅰ』
四日市市市民部地域振興課 編『目でみる郷土史 四日市のあゆみ』四日市市役所
横島公司「昭和初期における新聞報道の一側面——満州某重大事件と検閲問題」札幌大学経済学部附属地域経済研究所『地域と経済』第3号
佐藤勝矢「張作霖爆殺事件における野党民政党の対応」日本大学大学院総合社会情報研究科紀要№5
『毎日ムックシリーズ 20世紀の記憶 大日本帝国の戦争 2』毎日新聞社
『写真集 満蒙開拓青少年義勇軍』家の光協会
『GHQの見たニッポン』世界文化社

あとがき

かつてアマチュア天文家であった老父が長く保存してきた大量の資料の整理を手伝っていた時に、ネットで公開しよう、と思い付いたのが始まりでした。

その後、困難の中での昭和の天文家たちの活動を、日本天文研究会を介して学んだところ、これは、物語の形にして残すのがいいかも、と思うようになりました。

多くの方の助けをいただいて、彼らのこととその時代のことを、この一冊にまとめることができました。

とりわけ日本天文研究会の方には、貴重な写真の提供などと共に、このうえないサポートをいただきました。

本当にありがとうございました。

たか　のひろ

著者プロフィール

たか のひろ

1956年生まれ。三重県出身。

昭和天文クロニクル ——天文キッズの生きた時代

2023年10月15日　初版第１刷発行

著　者　たか のひろ
発行者　瓜谷 綱延
発行所　株式会社文芸社
〒160-0022　東京都新宿区新宿1－10－1
電話　03-5369-3060（代表）
03-5369-2299（販売）

印刷所　図書印刷株式会社

ISBN978-4-286-24531-7　JASRAC 出 2304689－301